改变世界的发明与创造

掌控能源

张顺燕 / 主编

吉林科学技术出版社

图书在版编目（CIP）数据

掌控能源 / 张顺燕主编. -- 长春 : 吉林科学技术出版社, 2023.10
（改变世界的发明与创造）
ISBN 978-7-5744-0902-6

Ⅰ. ①掌… Ⅱ. ①张… Ⅲ. ①能源—青少年读物
Ⅳ. ①TK01-49

中国国家版本馆CIP数据核字(2023)第190660号

掌控能源
ZHANGKONG NENGYUAN

主　　编　张顺燕
策 划 人　张晶昱
出 版 人　宛　霞
责任编辑　周　禹　宿迪超
封面设计　长春美印图文设计有限公司
制　　版　长春美印图文设计有限公司
幅面尺寸　170 mm × 240 mm
开　　本　16
印　　张　7
字　　数　105千字
印　　数　1—6 000册
版　　次　2023年10月第1版
印　　次　2023年10月第1次印刷

出　　版　吉林科学技术出版社
发　　行　吉林科学技术出版社
地　　址　长春净月高新区福祉大路5788号出版集团A座
邮　　编　130118
发行部电话/传真　0431-81629529　81629530　81629531
81629532　81629533　81629534
储运部电话　0431-86059116
编辑部电话　0431-81629520
印　　刷　吉林省创美堂印刷有限公司

书　　号　ISBN 978-7-5744-0902-6
定　　价　45.00元

前言

亲爱的小读者，欢迎来到发明与创造的世界！希望这本书可以带领你们探索无限的可能，启发你们的创造力，并激励你们成为发明家和创新者。

这个时代是令人惊叹的科技时代，无数的科学家、工程师和发明家不断地突破边界，创造出了一个个改变世界的伟大发明。我们的手机、电脑、汽车以及航空器等，都是这些创新思维的产物。而你们作为未来的一代，将会继续推动科技的发展，为人类带来更多惊喜和便利。

我相信，在你们的思维力火花燃起时，世界将会因你们的发明而变得更加美好。我希望你们享受这次科学探索的旅程，尽情发挥你们的想象力，勇于挑战困难，勇敢地面对失败，因为正是通过这些过程，你们才能真正成长，并创造出改变世界的发明。

愿这本科普图书能够陪伴你们成长，在科学与创造的道路上指引你们前行。祝愿你们在这个令人兴奋的旅程中收获无尽的快乐和启示！

目录

一、史前时代
——人力、兽力与火

二、历史时代
——木炭、水车、帆船与风车

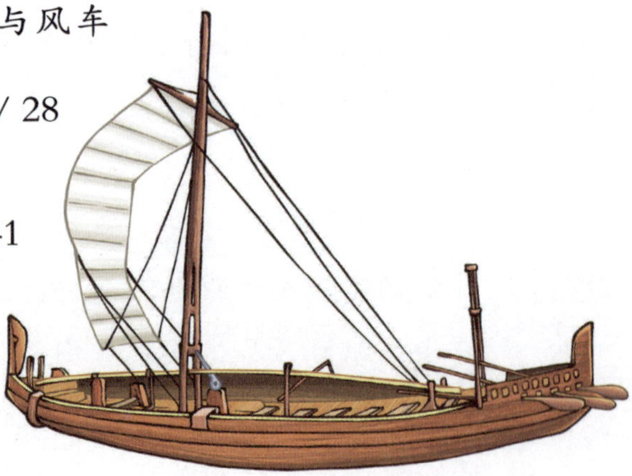

三、工业时代
——煤炭与蒸汽机

四、石油时代
——石油、内燃机和电

五、核能时代
——小小原子核中的巨大能量

六、清洁能源
——传统能源以外的可能性

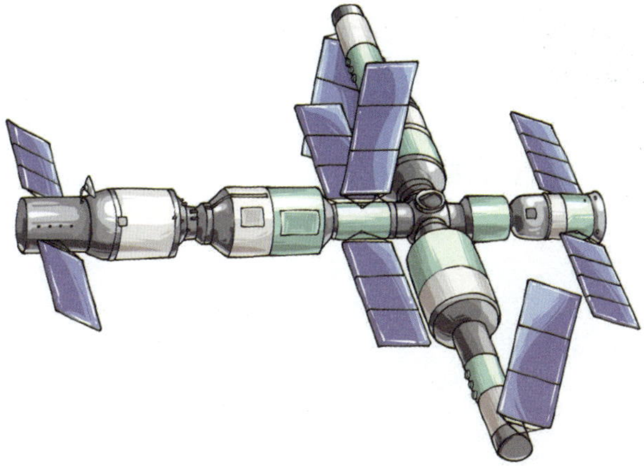

一、史前时代

——人力、兽力与火

从食物中获取能量

“人是铁，饭是钢，一顿不吃饿得慌。”人类活动需要能量，而能量则要从食物中获取。在农耕、畜牧出现之前，史前时代出现的人类，主要以采摘、打猎等手段获取食物。而食物中的能量，主要来源于阳光。

绿色植物是食物链中的生产者。绿色植物中的叶绿素能够吸收太阳光能，利用根吸收的水分和绿叶在空气中吸收的二氧化碳制造出淀粉，再进一步转变成葡萄糖储存起来。

大自然中的动物是食物链中的消费者。如兔子、羊、牛等动物以绿色植物为食，狼、狮子等动物以兔子、羊、狐为食，从中获取营养。

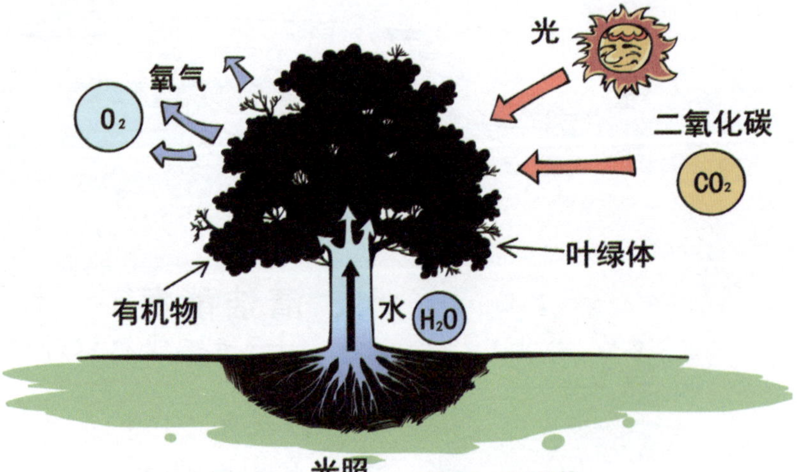

$$二氧化碳+水 \xrightarrow[叶绿体]{光照} 氧气+有机物$$

绿色植物利用光能，将二氧化碳和水合成有机物并释放氧气的过程，就是光合作用。绝大多数生物都直接或间接地靠光合作用所提供的物质和能量而生存，人类也正是利用这些能量得以成长和进行各项活动。

草是生产者，鼠、兔、狐、蛇和鹰是消费者。兔、鼠以草为食，狐以鼠、兔为食，蛇以鼠为食，鹰以兔、鼠、蛇为食。很多不同的食物链组成食物网。

动物体内含有较多的蛋白质和脂肪，作为食物含有较多的能量。自从人类能够获取动物性食物之后，获取的能量就多了起来。

人类不论获取了植物性食物，还是动物性食物，都会对其进行消化与吸收，使其变成体内的供能物质。随着呼吸，人体将体内的营养物质进行氧化分解，释放能量，供人体利用。这是呼吸作用的实质，也是人类力量的来源。

能源的第一次革命

控制火种

天空中“轰隆”一声雷电闪过，干枯的树木开始燃烧，随后“噼里啪啦”引燃了森林，着起了大火。原始人见到火异常惊恐，纷纷逃离。

除了闪电可以引发森林火灾外，干旱、火山爆发也可以引发森林大火。原始人虽然一开始十分惧怕大火，但见到大火的次数多了，也就不再感到害怕，当大火熄灭之后，他们还会去查看被大火焚烧的森林。

火，是物质燃烧过程中所进行的剧烈氧化反应，能够释放大量的热量。后来，原始人觉得火是个“好东西”——晚上能够给他们带来光明，驱赶野兽。但他们不会生火，便尝试用森林中燃烧的火引燃树枝，带回栖息地，并保护它，不让它熄灭。因为一旦火熄灭了，夜晚就会重回黑暗，令人恐惧。原始人类想要让火持续燃烧下去，就学会了控制火种。

原始人到着火的森林的边缘引燃树枝，保留火种。他们用火来取暖、驱赶野兽，以及烤熟动物，烤熟的动物比生的味道好多了。

原始人有着强烈的好奇心和探索精神，在查看大火熄灭后的森林的情况时，竟发现一些被烧熟的植物果实、动物尸体散发出诱人的香味。大家感到十分好奇，便大着胆子把它们拾起来勇敢地咬了一口。这一口下去，习惯了用尖利的牙齿撕扯血淋淋生肉的原始人，顿时惊讶不已——哇！怎么这么好吃呀！

对于远古人类来说，一些大型动物的肉被烤熟之后，变得容易咀嚼和下咽了。这扩大了原始人类可食用食物的范围，让他们可以从熟食中获取能量。

被大火烧过后的兽骨化石。

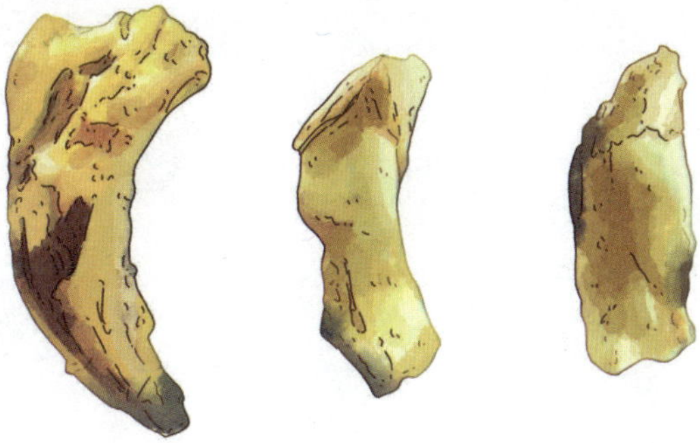

在出土的距今约180万年的山西芮城西侯度遗址、距今80万年的陕西蓝田猿人遗址，都曾发现原始人类的用火痕迹。这说明我国是世界上迄今为止发现最早的人类用火痕迹的国家。

北京周口店出土的兽骨化石说明，距今50万到60万年的原始人，已经懂得打到的猎物烤熟了再吃，味道会更好。

钻木取火

尝到火的好处的原始人，发现火具有神奇的魔力，不仅可以用来照明、抵御野兽的攻击，还可以取暖和烧熟食物，便想长期利用火。从燃烧的森林里保留下来的火种，如果遇到大风、下雨就会熄灭，即使放到洞穴里，也有会燃烧完的情况。为了防止火种燃完熄灭，晚上需要有人值班，不断往火中添加树枝，一旦值班人睡觉耽误了，就很可能导致火种熄灭。没有火，生活变得十分不便。于是，原始人想自己掌控火。

原始人发现一些干燥的树木、树枝，被闪电击中后比较容易起火；一些大鸟用尖嘴啄干燥的树木，有时会产生一些火星。于是原始人便想，如果用树枝敲击木头，会不会产生火星呢？

起初，原始人用树枝敲打干燥的木头，后来干脆用手捏着树枝在干木头上不断地摩擦。最后，木头竟变热冒出烟来，这就是最原始的钻木取火。

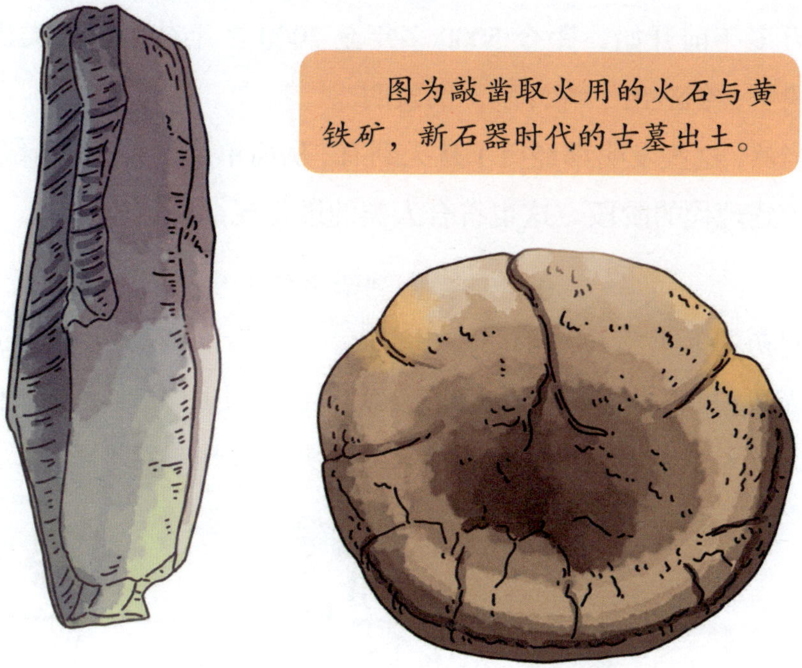

图为敲凿取火用的火石与黄铁矿，新石器时代的古墓出土。

钻木取火的原理

钻木取火应用了摩擦生热原理。木头本身就较为粗糙，所以在摩擦时，会产生较大的摩擦力。摩擦能够产生热，当摩擦产生的热量足够大时，就会点燃木头。

钻木取火，是人类第一次能源革命。人类由此进入了使用及控制火的时代，这也是推动人类向前发展的动力。

由人力到巧借畜力

人类发展的历史可以追溯到很久以前，人类在与自然的斗争中，不断发展与壮大。人类在发展中不断制造工具，使自己的生存能力不断增强，从而发展成为世界的主人。

距今约 300 万年到 1 万年间，人类学会了用石头制作工具，这段时期被称为旧石器时代。

随后，经过漫长的时间，人类进入新石器时代。新石器时代大约从一万多年前开始，距今 5000 多年至 2000 多年结束。人类进化的步伐加快了，创造出了许许多多的发明。

当然，这些发明都经历了从无到有、从简单到复杂、从低级到高级、从原始到现代的阶段。这也符合人类的进化规律。

由靠体力到制造简单工具

起初的人类干什么都靠体力支出。后来，人类学会了制造和使用一些简单工具，从而节省了不少体力，而且使用工具还可以起到事半功倍的效果，人类尝到了发明带来的甜头，从此一发不可收。

古人手头上的石头是他们得力的工具，可以用来砸坚果、划兽皮等。

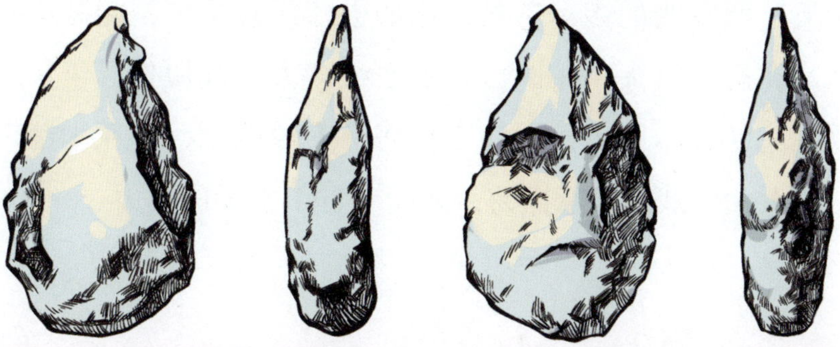

非洲阿舍利手斧。2011年，人们在非洲湖泊附近的古老沉积层中，发现了176万年前直立人用的手斧——一种用燧石砸出来的尖利的打制石器。这说明176万年前，人类已经拥有了最古老和最基本的石器——锋利的石头。

古人在追赶猎物时，发现用力甩出的石块可以迅速击中飞奔的猎物。投掷石头，人的手臂仿佛延长了，而且击打猎物的速度也更快了，这样便发明了用石块追打猎物的方法。

在这个基础上，古人又发明了用飞球索打猎的方法。

古人在一根很长的木杆上拴一根长绳，在绳子的另一端缚上石球。当猎物跑到绳子的击打范围之内时，猎人用力甩动木杆，让石球击中猎物，或借着惯性，用绳子把猎物的腿、头部等缠住。

这种古人在打猎中发明的工具，由于甩出去的石球速度飞一般的快，被叫作飞球索。这种捕猎工具，有一些少数民族现在还一直使用。

人类早期发明的搬运工具，比如棍棒或袋子等，能搬运一些较轻的物品。在搬运重大物体时，就需要很多人一起协作，于是人类就将重物放在一块长木板上，并在木板底下安放圆木，以原木滚动替代木板滑动，大大地减少了摩擦力，从而节省了不少的体力。

遇到太重的物体，就把重物放到竹竿的中间，两人各抬竹竿一头，非常省力。

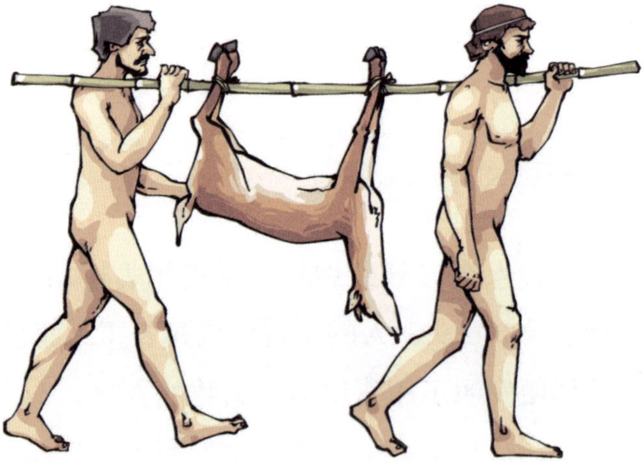

人们在实践中发明了一些简单的装置，可以减轻运输的负担。如将负重肩带放在肩膀上或头顶上，就可以较轻松地背起重物。

在160万年漫长的进化过程中，人们没有掌握更好的搬运物体的方法，只能在物体下填上木棍，靠木棍的转动来搬运重物。

生活在有雪的地方的人，则发明了雪橇。雪橇普遍应用起来，节省了体力。人类发现只要将原来的工具略加改进，运输重物就会省力多了。这就更加激发了人类发明与创造的欲望。

在冬天，人们猎取猎物后，会放到雪地上拖着走。后期，人们发现将动物皮、树枝等垫在猎物下，再拖着在雪地上走，就更省力了。这就是后来的雪橇的雏形。

原始人学会了种植农作物，学会了储存粮食。后来，捕猎到活的动物幼崽，便饲养起来，等它长大了再食用，结果效果还不错：养鸡可以下蛋，养羊、牛可以产奶；想吃肉时现宰，肉还新鲜，不用担心变质；动物的毛皮还可以御寒。可谓一举多得。原始人类从饲养动物中尝到了甜头，便开始驯化起动物来。后来，又学会使用畜力，从而极大地节省了人的体力。

让畜力为运输服务

考古学家发现，人类最早驯养的动物是狗和羊，其中狗很早就成为人类狩猎的得力助手。

在我国出土的甲骨文中就有狗的象形文字。根据《礼记》记载，狗有两种本领：一是帮主人看守家门；二是狩猎的好帮手。

早期人类是用驴来驮运东西的。驴的身体相对马小一些，驯化也比较容易。在7000年前，古埃及人就开始让大型动物承担搬运、运输等职责，人终于从繁重的体力活动中解脱出来。

古埃及人很早就驯化驴、牛等动物来搬运东西，波斯（今伊朗）人还训练马作为交通工具。

我国古人很早就驯化牛和马来驾车了。从殷墟发掘出的四马或六马拖车文物证实，早在商朝人们就已经开始使用马车载人、运输了。直到20世纪中期，我国农村还有不少马车、牛车和驴车在忙着运输呢。

公元前3500年，用马拉的车出现了。带轮子的交通工具最早出现在美索不达米亚，即现今的伊拉克。这样的力气活让马来做，人们就不用再出那么多力气了。

公元前5000年至公元前1000年，旧式雪橇出现了。一架狗拉旧式雪橇看似简单，却可拉动四分之一头野牛尸体。北美的土著居民也用狗来拖他们使用过的圆锥形帐篷。

旧式雪橇，是一种利用竹竿末端滑动的雪橇。欧洲人觉得狗的拉力不够大，运输的货物少，便选用马来做动力，进一步提高了运输货物的能力，这是比较省力的古代陆地交通工具。

骆驼在沙漠里的生存能力很强，成为地中海东部和南部地区人们驯化的对象。到了公元前2500年左右，骆驼就被驯服了。后来，有些地方还专门训练骆驼军团，参加沙漠里的战斗，如古罗马军队就有一支骆驼军团参加沙漠作战。

骆驼体形庞大，颈长，头小，背上有一个或两个肉峰，被称为驼峰。骆驼任劳任怨，是人类进出沙漠的主要交通工具。至今还有不少国家用骆驼来驮运物资。

大象是现在世界上最大的陆栖哺乳动物，它力大无比，嗅觉和听觉都很灵敏。在东方的古印度，训练大象以背驮和鼻子卷的方法来搬运沉重的木头。前些年，印度等一些地方，还在用大象当搬运工呢！

在古代，大象被称作“移动的城堡”。古波斯会用大象参战，用来运载士兵和弓箭手，马匹见到它们会惶恐，因此要战胜大象军队是很困难的。大象的威力只能用“恐怖”来形容。

古印度用大象来搬运木头，减轻了人类的体力支出。现在一些地方还有用大象搬运木头的习俗。

人们的发明一刻也没有停止过，并不断付诸实践。在原先雪橇的基础上，把一对转台，也就是固定轮子的装置，固定到一架结实的雪橇上，用马拉着运输，这就是马车了。简单说来，就是很结实的雪橇，在中间安上一对能够转动的轮子，马拉的车——马车就出现了。雪橇＋一对转动的轮子＝马车、牛车、驴车。这是发明中的加法原则。

公元前2000年，人们便开始驯化马。马不仅体形高大，具有驮力、挽力和快速机动能力，训练好的马还可以上战场大展神威。巴比伦人曾用马拉着战车参战。美索不达米亚的军队，用有辐条的轻型轮子来装备他们的战车。

公元前1500年，出现了马笼头。亚述人和古埃及人骑马就是用马笼头来控制马前进的。骑驴和公牛的骑手最开始在这些动物的鼻子或嘴巴上拴上圆环来控制它们，后期则是用嚼子来控制，比以前方便多了。

人类为了更好地利用畜力，在使用畜力的过程中，不断进行相关的发明。

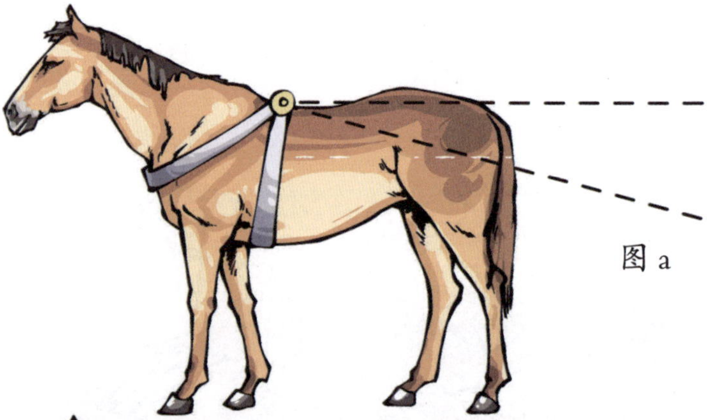

图 a

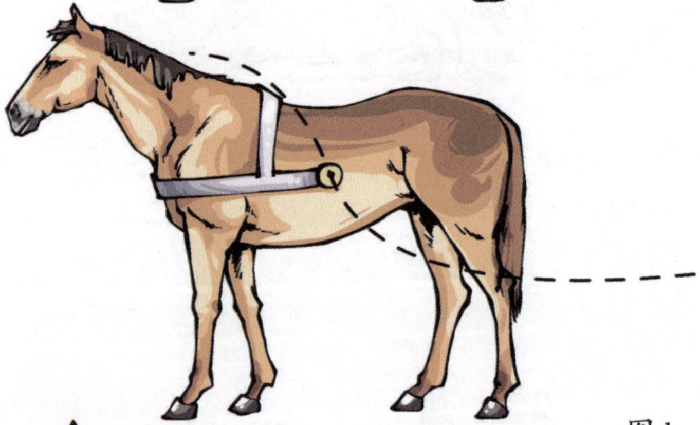

图 b

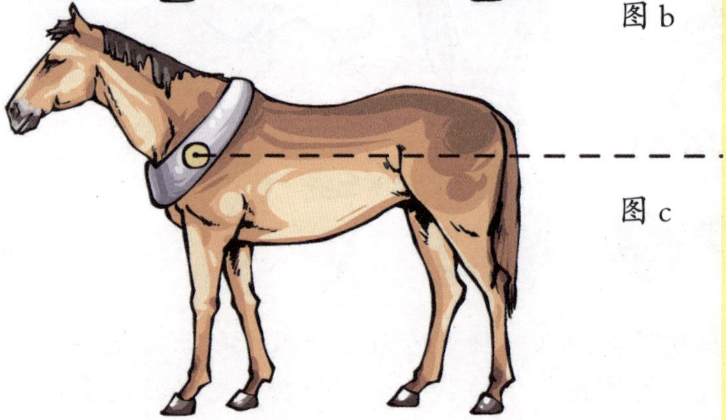

图 c

大约是公元前 4 世纪，中国人发明了马的胸带挽具。当马拉着车上坡时，胸带挽具能使马感到呼吸顺畅，不再憋气和用不上劲。用上这种挽具，马所拉的货物是以前的 3 倍，这比西方的“喉肚带挽具”更加先进。

图 a，西方古代的“喉肚带挽具”，使用时，马感到很憋闷；图 b，公元前 4 世纪，中国发明的“胸带挽具”，能够使马最大限度地发挥力量；图 c，中国在公元前 3 世纪以来，使用的“颈圈挽具”，通过挽具颈圈内的填充物，给马“隆肉”。

公元前1300年前后的卡迭石战役，是埃及人和北方小亚细亚的赫梯人之间发生的战争，双方动用了数千辆战车。那个时候是战车的全盛时期，赫梯和埃及的战车，代表了战车发展的两个方向。

骑马需要马镫，它是一对挂在马鞍两边的脚踏，供骑马人在上马和骑乘时用来踏脚。可不要小看这个发明，它的出现可是人类骑术发展史上的一次重要技术突破。

在大约1700年前的南北朝，中国人先是发明了单边的马镫，随后又将其做成双边马镫。有了这种工具，骑手可以脚蹬马镫稳定身体，从而把双手解放出来挥刀或者射弩，从而最大限度地发挥骑马的优势，大大加强了骑兵的战斗力。马镫还能方便骑手上下马，有效地保护骑马人的安全。

古时候，骑马人是骑在马背的垫子上的，垫子不太牢固，一旦马直立身体，骑马人往往容易摔下来。现代意义上的马鞍和马镫在两汉时期出现、发展，后才传入欧洲。有了马鞍和马镫，骑马会更舒适和安全。

在马镫发明之前，骑手为了在马上保持稳定，发明了高马鞍。但高马鞍前后太高时，会阻碍骑手上下马。后来，骑手甚至必须借助凳子才能顺利上下马。这种情况直到马镫发明后才有所改善。

马鞍，是放在骡马背上供人骑坐的器具。马鞍两头高，中间低，用一些皮革做成，中间再塞进一些软物，前后均凸起，适合骑者乘坐。马鞍也是蒙古人胜利的象征。想当年，蒙古人骑着战马叱咤战场，十分威武。

北燕冯素弗墓出土的双镫。

马镫发明之后，迅速传播到了东北亚高句丽地区，并通过突厥等草原游民向西传播。6 世纪末到 7 世纪初，萨珊帝国从突厥人那里引入了马镫，并于 7 世纪初将这一技术传给阿拉伯人；7 世纪早期，马镫向北欧和西欧传播。马镫在军事史上具有革命性的意义。

人类在战争中，为了更好地利用畜力，还发明了不同的战车，让畜力一起参战，给对方以重创。

左图为秦军重驷马战车参考图。这个阶段，战车的主要作战方式大多是运载武士到达战场，武士再进行徒步作战。用马做动力运输兵力，减少了士兵的体力支出，让他们在战场上能够更加有力量，所向披靡。

简单的农用马车是早期的运输工具，到了14世纪时，原先用帆布支撑的车顶改成使用金属支持了，这样乘车比以前更加舒适。

最开始的时候，马车需要用两匹马来拉，最多只能坐两个人，一位乘客坐在车厢里，车夫在车厢外。

后期，人们对马车进行了进一步改造，把车厢做得更大，将底盘降低，又给车轮加上了铁丝做的轮辐。这样的马车不仅跑得快，而且还更加牢固，跑得更稳，1匹马就能拉动4位乘客加1位车夫，但收费惊人，不是一般家庭能乘坐的。

后来，马车成了重要的交通工具，也逐渐出现了不同形式，人们可以节省更多体力。

16世纪，四轮大马车出现了，特色是用弹簧支撑，车厢建造得很精致。这样的马车先建造轮子和车架，再用皮带和链子将车子悬挂起来，减少颠簸。当时路况很差，因此车上都带有绳子和圆木，车子一旦陷入泥里，可以用它们来拉动车子。

让畜力为农业服务

人类在劳动和生产中，发现光靠人力难以完成一些繁重的耕种、运输任务。怎么办？聪明的古人便把目光投向了畜力上，不仅驯化畜力搞运输，而且还驯化畜力为农业生产服务。

人类驯化牲畜耕作的历史悠久，早在很久之前，小亚细亚的原始人就驯化了野牛，把它当作畜力来进行耕作，农业效率得到了极大的提高。除了牛，人们还驯化了马，因为它能满足速度的要求。在公元前 2300 年的美索不达米亚，就有了养马的记录。

5000 年前，古埃及人给牛套上犁具来耕地，不仅使生产效率大为提高，而且节省了体力。

早在2000多年前，中国古人就用驯化的牛拉车，后来又将它用在耕地上。根据《山海经》记载，我国早在尧舜时代，就开始用牛耕地了。汉武帝时期，农学家赵过改进了犁的结构，并在全国推广“二牛抬杠”的耕种方法，使铁犁和牛耕逐渐普及开来。

6世纪的亚洲、欧洲、非洲和美洲，都在进行大规模的土地开垦，这就促进了农具的发展，在农业化的进程中，畜力的应用对土地的开垦、农民劳动力的解放起到了重要作用。

人们用驯化的牛耕地，从繁重的体力劳动中解脱了出来，也提高了土地利用率。

与中国古代主要用牛耕田不同，12世纪的欧洲主要用马耕田。这是因为马耕田的速度相对较快，且马耕完田后还可用于拉车，而马车的速度远快于牛车，能够很快地把农民收获的谷物运去市场，因此马在运输市场上更受欢迎。

另外，中世纪的欧洲人还会在空闲时出租马匹，增加收入。

二、历史时代

——木炭、水车、帆船与风车

比树枝还好的燃料——木炭

燃烧树枝、木材能够发出光和热。古代的人类发现，在木材燃烧的灰烬中，有一种黑色的物质，当它再燃烧时，往往比木材烧得更持久、更旺。人们便把这种黑色的东西叫木炭。

木炭燃烧的时候没有烟，所以是一种比较清洁的能源，大家也比较喜欢它。据说埃及的玻璃工匠在三千多年前，就开始使用木炭作为燃料。

欧洲人在10世纪制作木炭的方法，是把木头堆成圆锥状，在外面包覆黏土，将空气隔绝，然后在木头堆里点火，将木头烧成木炭。

木炭，是木材或木质原料经过不完全燃烧，或者在隔绝空气的条件下热解，残留的深褐色或黑色多孔固体燃料。

人们很早就知道，木炭是一种很好的能源物质。

东汉人许慎在《说文解字》中提到："炭，烧木留性，寒月供然（燃）火取暖者，不烟不焰，可贵也。"明白无误地交代了炭是由木材烧出来的，但又未经完全燃烧，还保留着木的特性，燃烧时不会产生燃雾和火焰，非常好用。

上图为曾侯乙墓出土的铜炭火盆。用木炭生火取暖，没有烟雾。

在古代，烧炭可是一项技术活。

我国大约在6000年前的仰韶文化时期就开始利用木炭了。到了商周时期，由于冶炼青铜的需要，人们创造了"窑烧法"来取得大量的木炭。

古人将木炭与铁矿石堆入炉内，并鼓入空气，让其燃烧，从而炼铁。

到了唐朝初年，药王孙思邈在他的著作中，提出了把木炭、硝石、硫黄混合制作发火丹的方法。发火丹就是火药的前身。

古人将炉甘石（主要成分是碳酸锌）和木炭一起密封在泥罐中，在下面填上煤加热，用于冶炼锌。

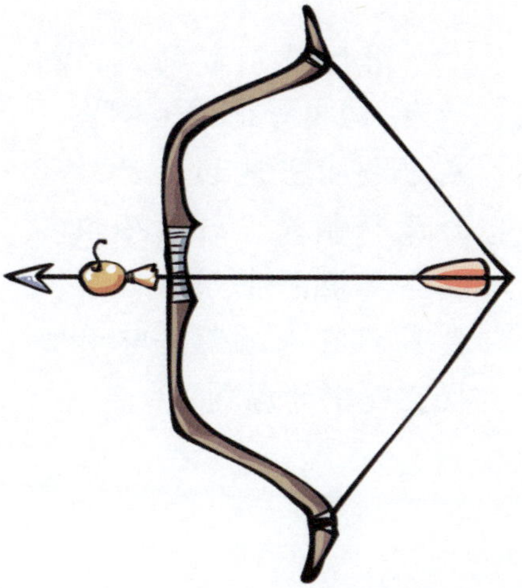

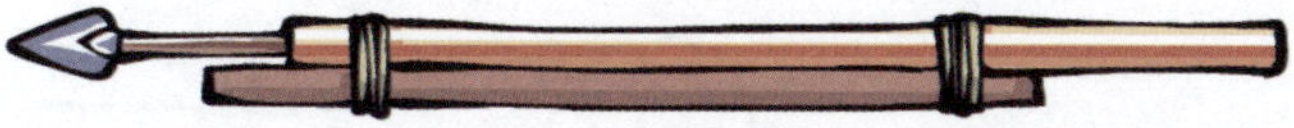

中国是最早发明火药的国家。宋朝人把木炭、硝石、硫黄按照一定的比例混合在一起，制出火箭、震天雷、霹雳火球等武器。

古人利用自己的聪明智慧，制造了不少“木炭”的新品种，如表面附有一层白灰的“白炭”，比木炭轻，硬度较高，燃烧的时间更长；在四川还有用巨竹制成的竹炭等。

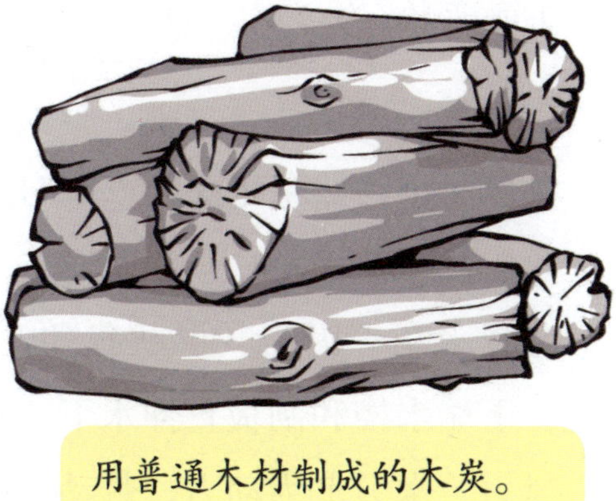

用普通木材制成的木炭。

用巨竹制成的炭，叫竹炭。四川等地因地制宜，充分利用当地的特产竹子为原料制炭。竹炭不仅可以当作燃料使用，现代人更常用它来吸附异味和吸收空气中的湿气。

白炭是一种比较好的木炭，用坚硬的原木经过高温烧制而成，含碳量非常高，耐烧。

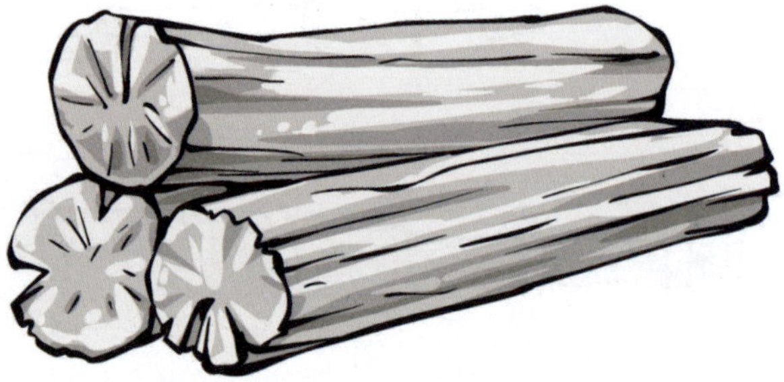

木炭作为一种能源物质，在各个方面发挥着重要的作用。

借助水流的能量

水流能够产生动力，古代人类很早就知道这个道理，并加以利用。

水车

龙骨水车约始于东汉，三国时发明家马钧曾予以改进，此后一直在农业上发挥着巨大的作用。

龙骨水车，因为其形状犹如龙骨而得名。龙骨水车一般安放在河边，下端水槽和刮板直伸水下，利用链轮传动原理，以人力（或畜力、风力、水力）为动力，带动木链周而复始地翻转，装在木链上的刮板就能把河水提升到岸上，进行农田灌溉了。最初的龙骨水车是用人力转动的，后来我国人民又创制了利用畜力、风力、水力等转动的多种水车。

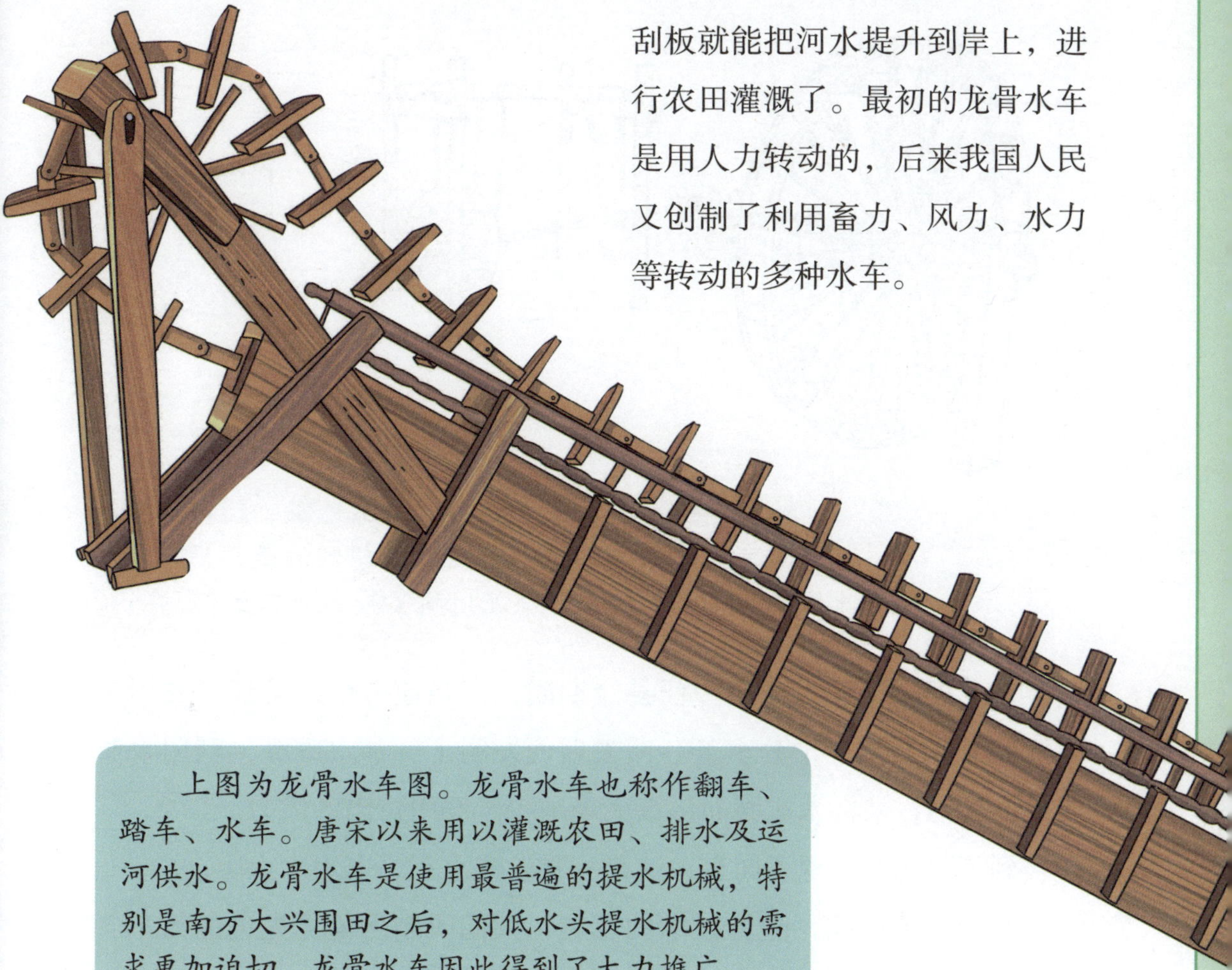

上图为龙骨水车图。龙骨水车也称作翻车、踏车、水车。唐宋以来用以灌溉农田、排水及运河供水。龙骨水车是使用最普遍的提水机械，特别是南方大兴围田之后，对低水头提水机械的需求更加迫切，龙骨水车因此得到了大力推广。

东汉初年，南阳太守杜诗看到炼铁炉的火不旺，便利用皮革做成皮囊，利用水流对皮囊一张一压来向炉子鼓风，被称为“水排”。杜诗发明水排，将中国冶炼鼓风装置的动力由人力和畜力改为水力，不仅大大提高了劳动效率，而且时间还比欧洲早了近 1100 年。

若用 100 匹马来鼓风，一天可以冶铁 60 千克；改用水排，在同样的时间内，可以冶铁 180 千克，效率提高 2 倍。这项发明在中国古代冶炼工艺发展史上具有里程碑的意义。

杜诗发明水排，最初是为了鼓风冶铁、铸造农器时，尽可能地节省体力。让他没有想到的是，后人受此启发，将水排的工作原理用到了粮食加工上。

南北朝时期，祖冲之担任县令期间，到当地考察，见到老农用一只脚踏碓来舂米，十分辛苦。回去后便发明了一种水碓磨，利用水流带动磨转动，来舂米或磨面，极大地减少了磨面付出的体力。

到了隋朝，出现了筒车，这是一种轮式水车，多为水力驱动。

时光到了唐朝，随着技术的发展，人们研制出了更先进的筒车。按照建造筒车的材质不同，可分为竹质筒车和木质筒车两种。筒车配合水池和连筒，能够把低处的水送到很高的地方进行灌溉。

筒车的水轮直立在河水中，轮周斜装有很多竹子或木头做的小筒。

高转筒车，最早出现在晚唐，用于灌溉水稻，由上轮、下轮、筒索、支架等部件组成，下轮有一半浸没在水中，汲水高度可以达到 3 米，如果将两架筒车连接配合起来使用，则汲水的高度可达 6 米。

高转筒车，提水高度较一般筒车高，必须借助湍急的河水来推动。这种筒车适用于水面比较低，而河岸则很高的河流，可以将河水提高到比较高的岸边。

筒车的构造及抽水原理

在水流湍急处放置一水轮，水轮底部没入水中，顶部超出河岸，轮上倾斜绑上若干个竹筒，水流推动水轮，竹筒临流取水，水随水轮转到轮顶自动倒入木槽，再流入田间。黄河流域筒车多为木质，长江以南的筒车多为竹质，都是利用当地的资源建造。

水磨

人们利用水力浇灌农田后，认为利用水力也可以推磨，于是在这个基础上发明了水磨。

水磨是用水力带动的石磨。磨由石头制成，分上下两爿，呈圆形，上爿较下爿薄，两爿相合处，凿有齿槽，流行于当时大部分农村地区。通过水力带动下磨盘的转动，达到粉碎谷物的目的。

欧洲中世纪出现了公共水磨坊。人们家里虽然有手推磨，可以自己在家里碾磨谷物，但由于水力磨坊效率要比人力高出很多，因此宁可付出一定的费用，也愿意到公共水磨坊碾磨谷物。

在欧洲中世纪，最初人们将小麦放在石磨上，用人力或者牲畜推动石磨，将小麦碾磨成面粉。这是个苦力活儿，人们后期便把水轮的原理应用到了推磨上，于是，水磨便出现了。

16 世纪末期，法国南部有人发明了一种水轮机磨坊。它的叶片是扭曲且带有凹槽的，可以约束水流，加强水流冲击到叶片上所产生的力量，也使水流的运动可以得到更准确的控制。虽然不能称它为涡轮机，但可以看成涡轮机的“鼻祖”。这种涡轮式叶片的设计，极大地提升了水流推动石磨转动的效率。

中世纪时，水磨在作坊里得到了广泛的应用，如舂米、磨面等。水磨还被用来冶金。用水力驱动的锻锤和风箱，可比采用人力的效率高多了，于是，锻造铁的数量和质量都有了极大的提高。

后来出现的浮动磨坊，把两条船拴在河水水流最急的地方，每条船上都配有磨轮，两个磨轮之间固定着一个水轮，借水力驱动水磨转动。这相当于一个水轮带动两个盘磨，效率显著提高了。

这种新型磨坊的水轮机叶片与石磨之间用齿轮相连，通过齿轮带动石磨转动，动力损失很小，效率高。

传统的舂米水车。

中国的水碓大约出现在2000多年前的汉代，是一种利用水力带动机械运转的自动机械。它将踏碓与水车连在一起，使用时开动水闸，让流水冲击水车，再利用连杆将动势导入踏碓，让其自动舂米。后人在水碓的基础上，又加入了齿轮，使机械舂米的效率进一步提高。水碓发明后，一直使用到20世纪。

有了水磨驱动的锻造锤，人不需要费力用锤子打铁了。

铁匠们用水磨驱动风箱，不再需要人力或畜力拉风箱了。

借助风力来航行——船帆

人类在实践中发现，风能导致船只沉没，也能够推动船航行。

5000 多年前的人类就发明了船帆，借助风力推动船只前进。

古埃及人发明了一种可以出海的帆船，这种船没有龙骨，比较脆弱。因为初期的船帆不能转动，所以只有顺风时才能使用，逆风时只能落帆划桨，以人力推动船前进。

一开始人们只能用兽皮来制作船帆，后来纺织技术进步，才用织物来制作船帆。

埃及人制造的可以出海的帆船。

地中海沿岸是古代文明的发祥地之一，那时候航行在地中海的船大都为桨帆船。有一种当地人叫“加莱船”的船，却独辟蹊径，流行了近 3000 年，是名副其实的“不老船”。

加莱船船形窄长、低矮，靠划桨航行。船上也配备了帆，遇到顺风可以用帆航行。

最初的加莱船只有一层桨帆，后来陆续增加到 2~3 层桨帆，划桨手也越来越多。这样一来，加莱船的宽度越来越大，速度也越来越快。

加莱桨帆船的速度和操控性都不错，经常用来运输来自东方的奢侈品，如香料、丝绸等，航行在地中海东部海域。

后期，世界文化中心像指针一样逐渐移向拜占庭（今土耳其的伊斯坦布尔），这时出现了一种大型的、使用斜桁大三角帆的桨帆船。大三角帆固定在一根长桁材上，桁材中部用绳索固定在桅杆上，靠船首的那端向下倾斜，另一端向上翘起，并可以围绕着桅杆以一定角度旋转，这样一来，船帆就可以有效地取得平衡，让船在逆风时抢风航行。

到了 14 世纪，人们需要运输的货物和武器更多了，需要更大的船了，竖着三桅或四桅的卡拉克帆船正好能够满足人们运输的需求。

13 世纪威尼斯的一种战舰，就是斜桁大三角帆船，一侧船舷备有 32 排桨座。

卡拉克帆船最大的特征是船首的巨大斜桅，在前桅和中桅之间还装配了几张横帆，后桅则配上了一面三角帆，这样船就能够逆着风前进了。

有着巨大的弧形船尾和多面风帆的卡拉克船，其高大的船舷让传统的海盗白刃战变得极为困难，而且巨大的船身和多层甲板可以装配更多门大炮。卡拉克船作为战船，其意义是划时代的。

卡拉克帆船是当时欧洲史上第一款可以远洋航行的船舰，它那庞大的体积，足以让它在大海中比较稳定地航行，不会左右摆动。卡拉克帆船体积大，有着很多空间，航行一次可以运输相当多的香料、玻璃、羊毛、橄榄、蜂蜡等货物，因此用卡拉克帆船运输货物十分划算。

帆船前进的原理

很多人认为帆船是靠风吹动船帆，“推”着船向前行驶的。其实不然，船帆可以根据风吹来的方向调整角度，使风吹过帆面时产生一定的向前向上的力，推动船以一定的角度向前行驶，这就是“伯努利效应”。

中国帆船，是中国独创的帆船类型，相传于汉朝便已出现。

大约在公元 15 世纪之后，我国古代的劳动人民开始改进帆船上的篷帆。大多数船上只有 2~3 根大桅杆，即使是船身长 60 米、载重几百吨的大船，也是这样设置，顶多再外加 2~3 根小桅杆，而且每一根桅杆仅挂一面帆。虽然帆的数量减少了，但帆所受的风力却没有减少，这是因为人们在减少帆的数量的同时，把帆加高、加宽，以提高每面帆的受风面积。

我国古代设备齐全的帆船。

风车

风车，是一种利用风力驱动带有可调节的叶片或梯级横木的轮子运转，从而产生动力的机械装置。

2000 多年前，中国、巴比伦、波斯等国就已利用风车提水灌溉、碾磨谷物了。12 世纪以后，风车在欧洲迅速发展，人们充分利用风能提水、供暖、制冷、航运、发电等。

16 世纪早期的中空单柱式风车。

欧洲风车

欧洲全年刮西风，风向比较稳定，风力也适中，因此非常适合利用风力代替人力或畜力。

1229 年，荷兰人发明了世界上第一座为人类提供动力的风车。15 世纪，欧洲出现了一些结构简单粗糙的中空单柱式风车，它们通常有一个稳定的基座，所产生的动力只能带动一对石磨来加工粮食。16 世纪，风车需要量增大，这时，人们发明出了可以驱动前后两对石磨的单柱式风车，以及更加坚固的塔式风车。这些风车，可以用来碾磨谷物或提水，工作效率比之前大大提高了。

这是塔式单柱式风车。它的构造像塔，用木材和石砖建造，非常坚固，里面中空，只有一对石磨，主要用来碾磨谷物，以减少人或牲畜的体力支出。

早期的风车体积很小，风轮上的翼板也很小。后期，为了获得更大的风力，风车的翼板越造越大，风车的车身也越建越高，以便与增长的翼板相匹配。为了保护基座和提供额外的储藏空间，风车的基座通常用一座圆形的房子围起来；为了容纳更大型的传动装置，还建成了曲线形屋顶。

和风车基座相连的圆形房子通常用石头或砖瓦垒砌而成，非常坚固，既可以耐风雨，看上去还很美观，是欧洲农村的一道亮丽风景。

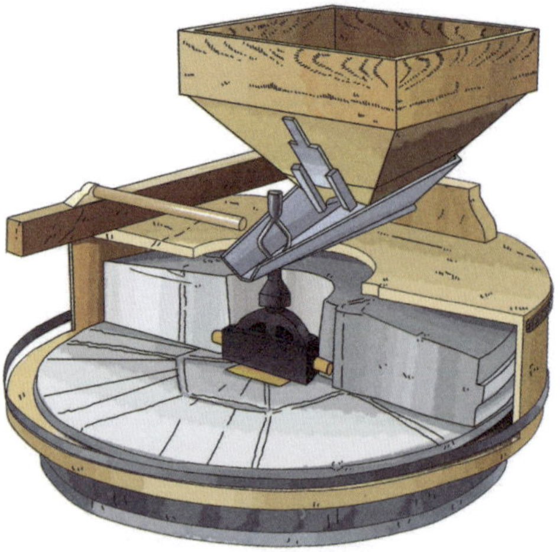

利用风车来驱动石磨磨碎谷物，可以减少人或牲畜体力的支出。

荷兰一年中风速 5 米 / 秒以上的日子约有 320 天，风力资源十分丰富。18 世纪末，荷兰的风车约有 12000 架。人们用这些风车来碾谷物、粗盐、烟叶，榨油，压滚毛呢、毛毡，造纸，以及排除沼泽地的积水。荷兰素有“风车王国”的美称，如今，在荷兰随处可见的一座座古朴而典雅优美的风车，给这个美丽的国度增添了几分特别的姿色。

在荷兰，不论走到哪里，只要向田野望去，就会看到一座座高高的风车，像巨人一样屹立在那里，似乎在向你招手。

中国风车

我国古代的风车，是从船帆发展而来的，人们将 6~8 幅像船帆一样的篷布均匀地排布在一根垂直轴的四周。风一吹，它们就像走马灯那样绕轴转动起来，因此这种风车叫作走马灯式风车。这种风车因效率较低，后期逐渐被具有水平转动轴的木质布篷风车和其他风车，如“立式风车”“自动旋翼风车”等取代了。这些风车主要以风作动力，用于农耕提水或晒盐提水等。

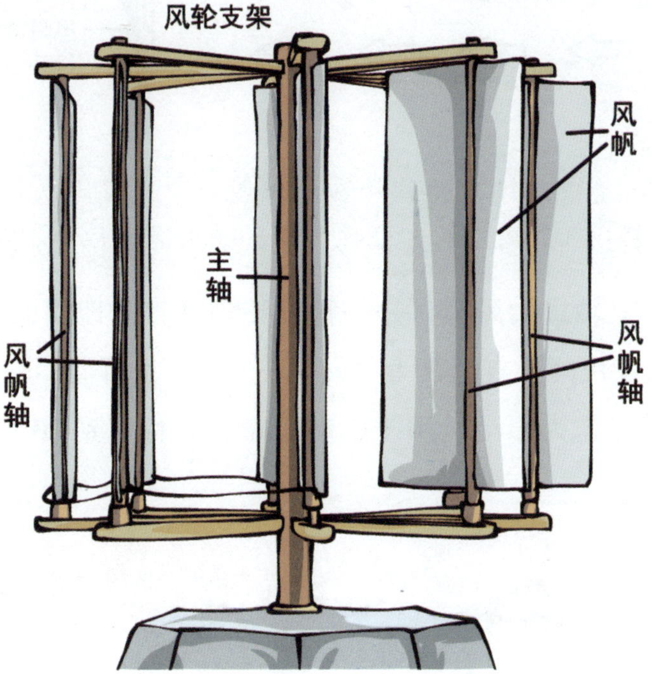

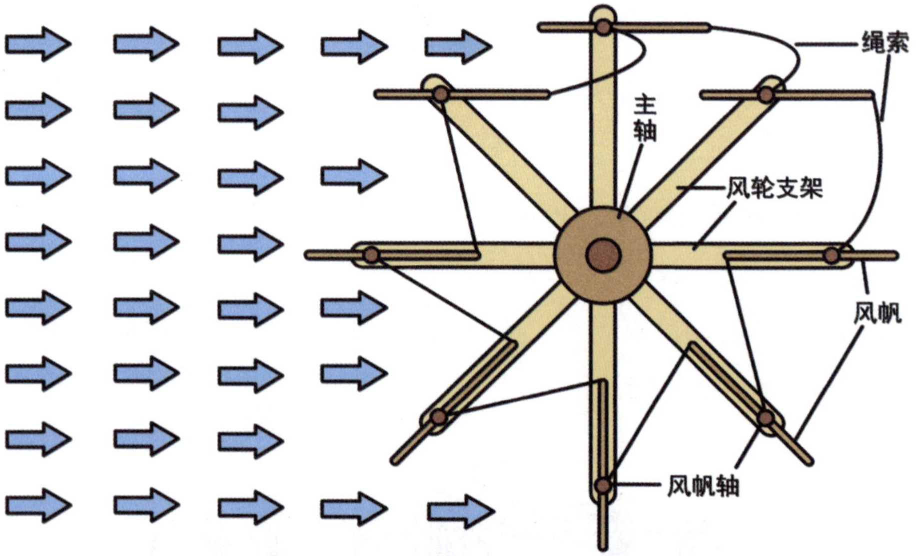

上图是中式风车的结构和原理图。中式风车从船帆演化而来，风帆安装在轴架周围的 8 根柱杆上，并用绳索拉紧。

中国立轴式大风车，是一种旋转轴垂直于地面的风力机械，因其体积巨大，民间也直呼其为“大风车”。它很可能不晚于南宋时期（12 世纪）就已作为原动机用于驱动水车，并且直到 20 世纪 50 年代还在广泛使用。

中国立轴式大风车能够为龙骨水车提供动力，可以用于提水灌溉农田或盐场汲卤，在盐场应用较多。

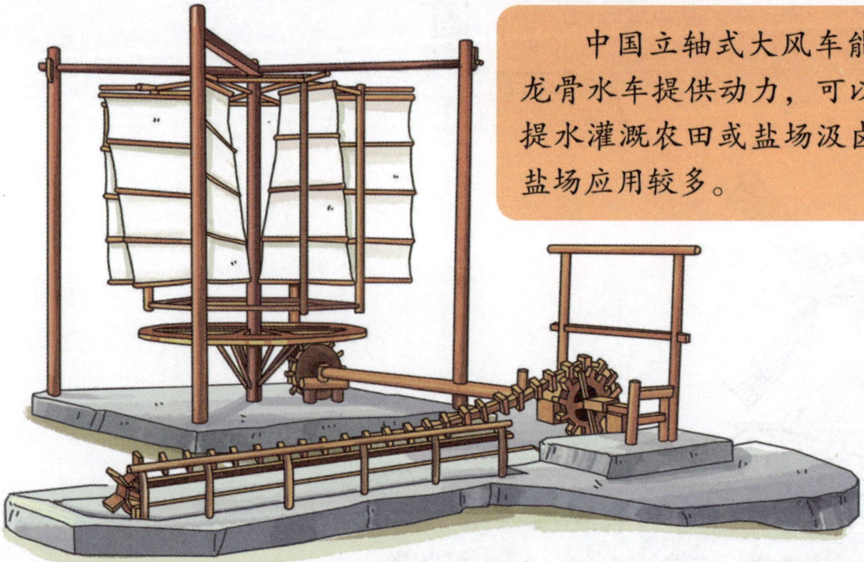

三、工业时代

——煤炭与蒸汽机

黑乎乎的煤炭

煤的开采

煤是埋藏在地下的古代植物经历了复杂的变化逐渐形成的固体可燃矿产。中国是最早使用煤的国家之一，春秋末期到战国初期，就已经有了关于煤炭的记载。

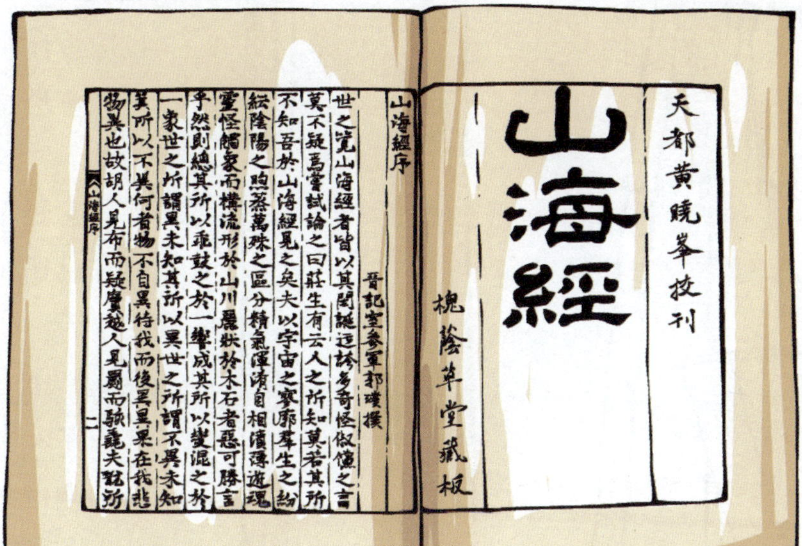

先秦古籍《山海经》中记载了位于现在山西省吉县西部的河东煤田南段，文中提及的“涅石”即明矾煤。

我国古代书籍记载：“豫章郡出石，可燃为薪。”这里的“石”就是煤了。可见这时煤已用于群众的日常生活。

煤炭，这一名字最早出现在宋朝。

中国是世界上发现、开采和利用煤炭最早的国家之一，比欧洲早 1400 年，因为历史悠久，煤的别名也多。

宋朝时期（960－1279）的采煤图显示：当时人们只能用肩挑或肩抬，将煤从煤矿里运出来，工作十分辛苦。

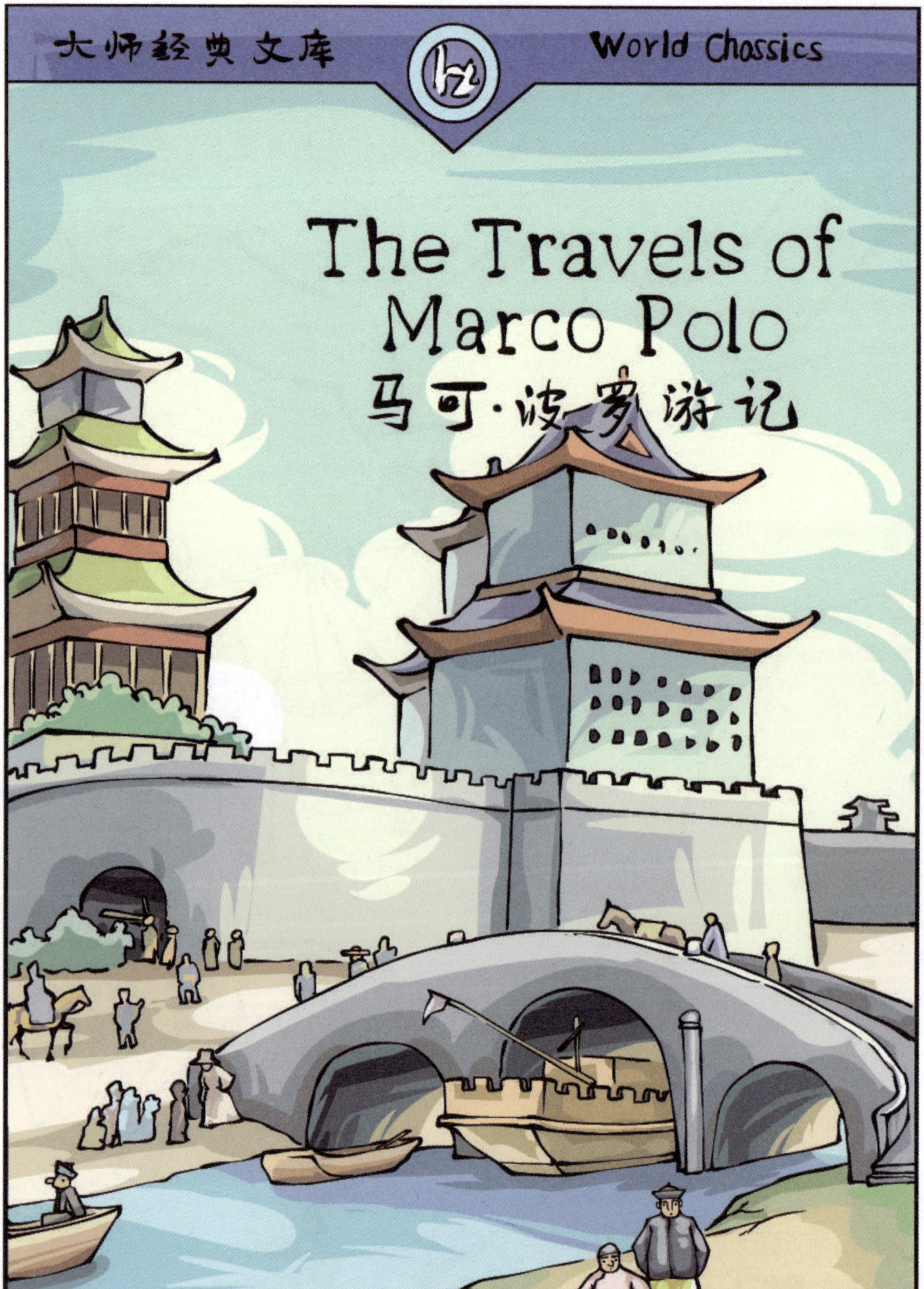

马可·波罗游历的地区很广，他将自己在元代中国的所见所闻记载于书中。该书对煤进行了比较具体的介绍。

在欧洲，约在公元 10 世纪后，北欧和欧洲中部的煤才开始被采用。英国在 13 世纪开始进行有组织的采煤。日本在 15 世纪中期才发现煤，到了 17 世纪，煤才得到大量开采和使用。

公元 1275 年，我国元代初期，意大利旅行家马可·波罗来到中国旅游，他游历了大半个中国，发现了一个令人十分惊奇的事情：各地都用一种“黑石头”烧火做饭，甚至还可以用它燃烧来炼铁。为了宣传，他带了部分“黑石头”回去，并在《马可·波罗游记》一书中，介绍中国的“黑石头”，这里的“黑石头”就是煤。

下井带金丝雀的习惯一直延续到 19 世纪。因为原煤矿中往往会出现大量无色无味的一氧化碳气体，大量吸入这种气体会使人窒息，进而丧命。矿工为此想出了各种应对办法，矿工们发现金丝雀对一氧化碳很敏感，便在下煤矿时带上金丝雀报警。

100 多年以前，英国煤矿下开始使用矿车。矿车一般靠人或马在巷道里拉。这比人用筐往外背要轻松多了，减少了体力支出。

1868 年，日本和英国在日本合办的高岛的井下铺上铁轨，将矿车放在铁轨上推进，既轻巧又方便，这使运煤的工作效率又向前推进了一大步。

同时，还出现了水力采煤，即在井下用一种高压水流来冲击煤层，使其破碎的采煤方法。1935 年，苏联穆奇尼克首先提议试验井下水力采煤。1939 年，世界上第一座工业试验水采矿井在顿巴斯矿区建成。

水力采煤，即用高压力水流冲击煤层，工人只要握住喷杆对准煤层进行冲击就行，极大地减轻了劳动强度。

18 世纪末，英国煤矿使用蒸汽机将地下水从地底深处抽出来，这样可以节约大量的畜力。

采煤本身是一件既辛苦又需要大量劳动力的工作。常见的采煤方式是靠人力用镐挖或者炸药爆破，爆破之后，还要把煤运到地面，十分辛苦。一直到 19 世纪中后期，人们才造出了使用压缩空气来驱动的截煤机承担在地下挖煤的工作。

到了 20 世纪初期，出现了生产效率高的机械化采煤设备，如刨煤机和滚筒式采煤机等，这些工具让工人彻底从笨重的体力劳动中解脱出来。

煤是怎么形成的?

千百万年来，地球上的一些地方堆积了大量植物的枝叶、根茎，时间久远，形成了极厚的黑色的腐殖质。后期由于地壳的变动，它们被埋入地下，隔绝了空气，再加上地下的高温高压，经过一系列的复杂的物理化学变化，最终形成了煤。

煤的形成图解。

煤的利用

一开始，人们用煤来烧火做饭，当燃料使用。后期，人们发现煤燃烧产生的火焰更旺，温度更高，就用它来炼铁。再后来，又用煤做燃料来发电等。

用煤炼铁

中国在公元前 6 世纪发明了生铁冶炼技术，彻底改变了铁器的生产方式。

汉代用煤冶铁的模拟场景。

徐州自古以来就是我国著名的冶炼中心，远在秦汉时期，徐州的工匠就已经开始采铜冶铁。经过千年的发展，至宋朝，徐州的冶铁业达到了鼎盛期。宋真宗大中祥符元年（公元 1008 年），大将狄青曾在这里采铁，炼造盔甲，制造兵器。

煤气照明与燃烧

在电灯发明之前，煤取代了传统的蜡烛，为人类照明，带来了光明。

在 18 世纪之前，人们就发现在煤矿里喷出的气体可以点燃，其实这种气体就是煤气。1760 年，有人开始实验给煤炭加热来得到煤气，但是，这很容易发生爆炸。

为了让煤气使用起来能更安全，有不少有志之士进行了大胆的探究，在这方面成绩突出的当属法国人勒庞。他在 18 世纪末期发明出了实用的煤气生产装置。勒庞希望可以通过这套装置把煤气通过管道输送到千家万户，给人们带来温暖和光明。

菲利普·勒庞，在 24 岁的时候，就对“燃料”很感兴趣，一直在研究可燃气体。一开始勒庞是通过把木材放在铁制的干馏釜中进行干馏，然后在大桶中冷却而得到煤气的。

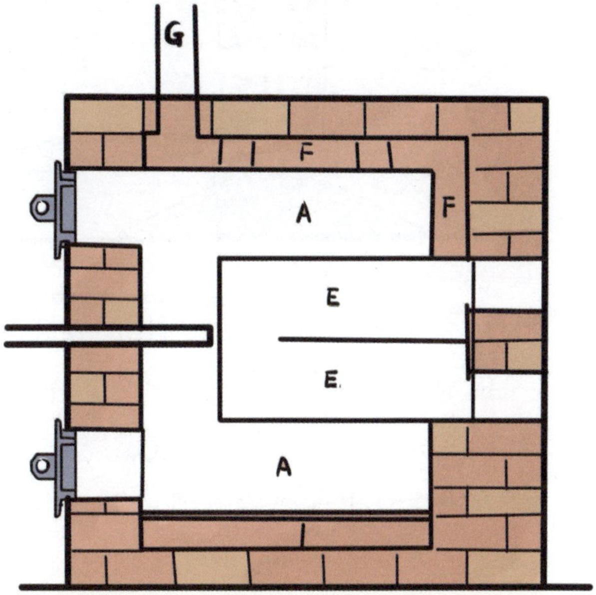

勒庞的第一座煤气发生装置原理图。干馏釜用铁板制成，所有设备都用耐火砖包围。干馏釜中生成的煤气从 G 处导出，而反应生成的副产品如沥青等则被收集起来。

1855 年，德国化学家本生发明了被称为“本生灯”的气体燃烧装置，这是一种装有氧气与可燃性气体，通过气体燃烧而产生高温的装置。

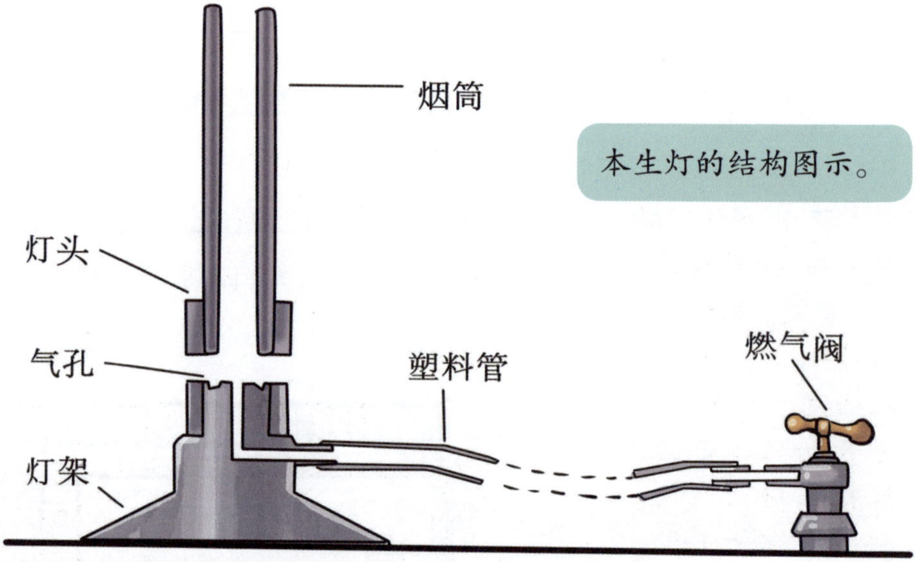

本生灯的结构图示。

在本生灯发明前，人们所用的煤气灯的火焰很明亮，但温度却不高，这是因为煤气燃烧不完全造成的。本生将其改进为先让煤气和空气在灯体内充分混合，从而使煤气燃烧完全，得到无光高温火焰。

在本生灯出现之后不到一年，英国的霍丁顿・安东・史密斯公司发明了世界上第一台使用气体燃料的家用取暖装置。

1883 年，英国人建造了世界上最早的大型气化炉。向炉子里吹入高温空气和水蒸气，让它们与煤发生气化反应，从而得到广大市民生活所需要的煤气。

焦炭炼铁

1709年，一位名叫达比的工匠发现，如果在1000℃的高温下对煤进行干馏处理，可以获得一种新型固体燃料——焦炭。焦炭烧起来比煤效率更高，用焦炭炼铁效果更好，炼出来的铁中杂质含量少、质量高，这就是焦炭炼铁法。

英国人发现把煤放在火上烤，烤制过程中能够把煤炭中的大部分杂质去除掉。终于在1709年，亚伯拉罕·达比成功地将煤炼成焦炭，用这种焦炭炼出来的铁，质量非常好。

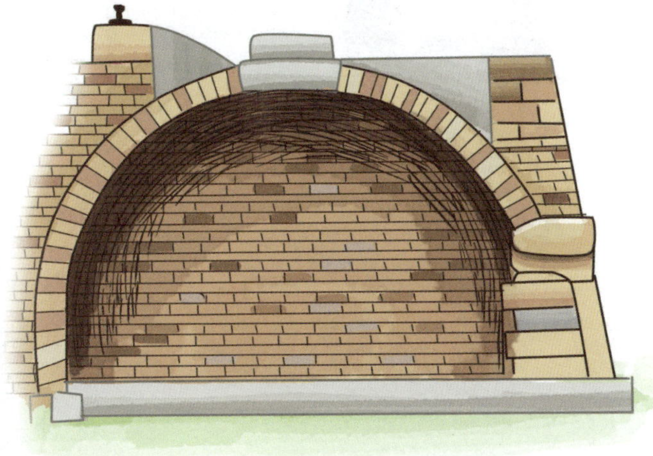

蜂窝式炼焦炉。这是用砖砌的蜂窝式炼焦炉，这种炉子可以帮助人们更好地用焦炭来熔炼生铁，使生铁的品质更好。

为什么会发生煤气中毒？

煤气能够燃烧，是化学工业的主要原料，其主要成分是一氧化碳和氢气。一氧化碳无色无味，有毒。烧煤取暖，有时候会出现煤气中毒的情况，就是在空气不畅通的情况下，煤不完全燃烧产生了一氧化碳，从而引起中毒。所以，冬天烧煤取暖时，一定要留好进出风口。

划时代的蒸汽机

1712 年，一位名叫托马斯·纽科门的工程师发明了蒸汽机，这是世界上第一台实用的蒸汽机。

托马斯·纽科门（1663—1729），是英国工程师，蒸汽机发明人之一。他发明的这种蒸汽机只适用于提水。

纽科门蒸汽机的原理

蒸汽机是将蒸汽的能量转换为机械功的往复式动力机械。

纽科门蒸汽机用的燃料是煤。使用这种蒸汽机时，先把烧煤产生的高温蒸汽导入气缸内，再关上阀门，接着将冷水输送进密封气缸，蒸汽遇冷凝结，体积变小，使得气缸产生真空，于是，外部的大气压力就推动圆筒里的活塞移动起来，从而带动连杆产生动力。

托马斯·纽科门发明的蒸汽机，热效率低，燃料消耗量大，仅适用于煤矿等燃料充足的地方，还只能用于提水。瓦特对纽科门蒸汽机创造性地进行了改造，使蒸汽机的热效率成倍提高，煤耗量显著降低，这样一来，使原来只能提水的机械，成为可以普遍应用的蒸汽机。

从此，蒸汽机不仅在采矿业中得到广泛应用，在冶炼、纺织、机器制造、运输等行业中也都获得迅速推广。

瓦特改良的蒸汽机，适应性更强了，燃料虽然还是煤，但耗煤量显著降低了，节省了燃料成本。

瓦特出生于苏格兰的格拉斯哥，是一位发明家和机械工程师，他成功地改良了纽科门的蒸汽机，使蒸汽机广泛地应用于各种机器。国际单位制中的功率单位“瓦特”，就是根据他的名字命名的，以示纪念。

蒸汽机的出现，促进了人类科技发展的进程，也开启了第一次工业革命。煤燃烧使水沸腾，产生高温高压的蒸汽推动蒸汽机做功。从一定意义来说，煤才是工业革命的基础。

1807 年，蒸汽机驱动的轮船“克莱蒙特”号在美国哈德逊河上试航，获得成功，它以每小时 6.4 千米的速度航行了 91.4 千米。从此，美国哈德逊河上开辟了定期航班，标志着蒸汽机轮船正式投入使用。

蒸汽机轮船，是以蒸汽作为动力的船舶。

富尔顿制造的“克莱蒙特”号，是近代造船史上第一艘真正的蒸汽轮船。它以铁为新型造船材料，以蒸汽机为新的动力系统，以螺旋桨为新的推进系统，开创了造船史的新纪元。“克莱蒙特”号的诞生标志着帆船时代的结束，蒸汽轮船时代的开始。

将蒸汽机安装在机车上，就成了蒸汽机车，动力是蒸汽机，燃料是煤。

第一辆蒸汽机车是由英国人史蒂芬逊制造的，1814 年，他研制的第一辆蒸汽机车“布拉策”号试运行成功。后来，经过 11 年的努力，于 1825 年 9 月 27 日，史蒂芬逊亲自驾驶他同别人合作设计制造的“旅行者”号蒸汽机车，在新铺设的铁路上试车并获得成功。蒸汽机在交通运输业中的正式应用，使人类迈入了“火车时代”。

史蒂芬逊发明的火车。用煤做燃料给锅炉烧水，让水蒸气推动轮轴转动。

1929年，史蒂芬逊在利物浦－曼彻斯特铁路委员会举办的一场竞赛中，用自己发明的“火箭”号拿下冠军。这辆装满石子的火车以平均每小时19千米的速度，在3千米长的轨道上来回行驶20次，最高速度达到每小时48千米。

蒸汽机车的原理

蒸汽机车是利用蒸汽机，把燃料（一般是煤）的化学能变成热能，再变成机械能运行的一种火车机车。

当司炉把煤填入炉膛后，煤在燃烧的过程中，将自身蕴藏的化学能转换成热能，加热机车锅炉中的水，使水沸腾、汽化，形成400℃以上的过热蒸汽；蒸汽进入蒸汽机膨胀做功，推动蒸汽机活塞往复运动，活塞通过连杆、摇杆，将往复直线运动变为轮转圆周运动，带动机车动轮旋转，从而牵引列车前进。

蒸汽机车是蒸汽机在交通工具上运用得最好的范例之一。

四、石油时代

——石油、内燃机和电

“工业的血液”——石油

石油，是一种黏稠的、深褐色的液体，是重要的现代能源，被人们称为“工业的血液”。石油在农业生产、国防、工业和交通运输等方面有着重要作用。

天然气，跟石油的“身世”相似，是与石油在地下为伴的一种气体。

石油、天然气和煤一样，也有着悠久的开采历史。

石油有的溢到地面上，渗透到一起形成石油湖，有的渗透到小河里。从而被人们发现。

石油的早期利用

早在公元前10世纪之前，古埃及、古巴比伦和古印度等文明古国已经采集天然沥青，用于建筑、防腐、黏合、装饰、制药等，古埃及人甚至能估算油苗中渗出石油的量，并采集天然石油。

公元 5 世纪，在波斯帝国的首都苏萨附近出现了人类手工挖成的石油井。公元7世纪，拜占庭人将原油和石灰混合，点燃后用弓箭远射，或用手投掷，以攻击敌人的船只，这是石油用于战争的最早记录。

1861 年，阿塞拜疆的巴库建立了世界上首座炼油厂，当时世界上 90% 的石油都出自该地区。后期的石油工业发展比较缓慢，一直到内燃机出现，石油需求量大大增加，石油开发才快了起来。

在 19 世纪 40—50 年代，利沃夫的一位药剂师在一位铁匠的帮助下，做出了煤油灯，为人们照明。1854 年，灯用煤油已经成为维也纳市场上的商品。1859 年，欧洲开采了 36000 桶原油，这些石油主要产自加利西亚和罗马尼亚。

我国劳动人民很早就发现和使用石油和天然气了。

《易经》中记载了我国古人发现石油的情况——“泽中有火”“上火下泽”，描绘的是石油蒸汽在湖泊水面上起火的一种现象。这一记录距今约有 3000 年的历史。

1800 年前，我国古代历史学家班固在《汉书·地理志》和《汉书·郡国志》中就记载有“上郡高奴有洧水可燃”的句子，这里的“洧水”，就是指现在的石油。

第一次提到“石油”这个词的人，是公元 11 世纪北宋著名的科学家沈括。他在《梦溪笔谈》这部书中说：“鄜延（今陕西省富县和延安）境内有石油。”沈括不仅记述了石油的产地、性能和外观特点，而且还指出石油“生于地中无穷”。并注意到石油的生成、储集与地下深处有密切关系，描述了当地的采集方式和用途。

随后，我国就开始了对石油的开采和利用。

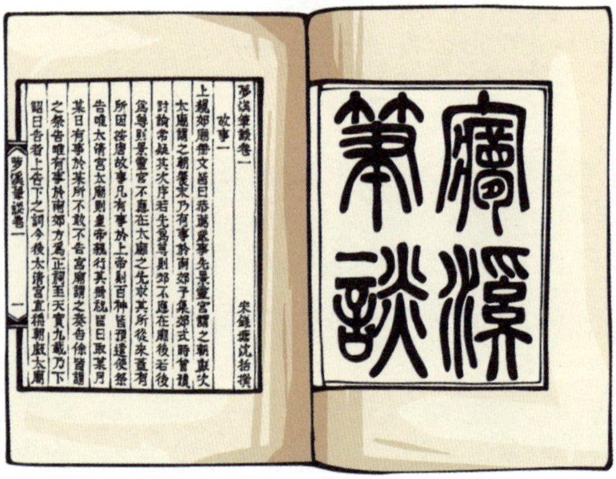

沈括撰写的《梦溪笔谈》，是一部涉及古代中国自然科学、工艺技术及社会历史现象的综合性笔记体著作，内容涉及天文、数学、物理、化学、生物等各个门类学科，英国科学史家李约瑟评价它是“中国科学史上的里程碑”。

石油是怎么形成的呢？

在过去的近40亿年里，地球上出现了许许多多生物，其中绝大多数是微生物。虽然微生物的个头较小，但它们数量非常庞大，比如你随意盛起一杯海水，这杯海水中就有上亿只微生物。这些微生物以及动植物死亡后，遗体进入海洋，海水中盐分较多，导致分解者工作效率下降，使得一部分有机物和海底的泥沙混合在一起，形成有机淤泥。然后，这些有机淤泥在重力的作用下不断下沉，而它们的上层又在不断堆积有机物，以至于有机淤泥越积越多。当有机淤泥深入到地层一定程度时，不得不承受巨大的压力以及很高的温度，再加上生物化学、高催化等条件，经历几百万年，有机物中的蛋白质、碳水化合物等物质就转化成为了石油。

另外，如果在有机物堆积层中混有厌氧菌的话，还会生成天然气。所以说，石油和天然气是一对“孪生姐妹”，往往一起诞生。

石油的形成图解。

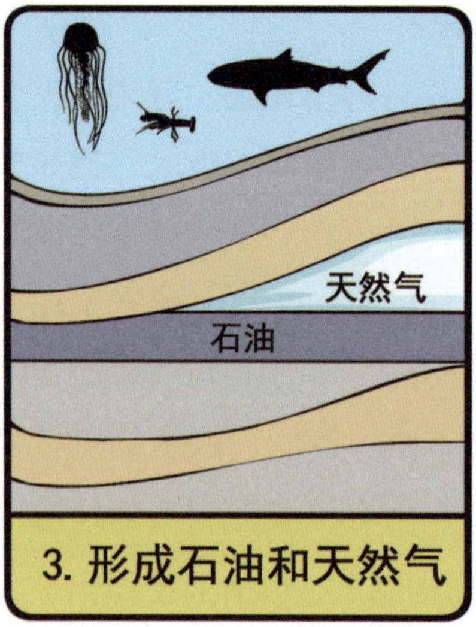

关于石油的形成，除了生物沉积变油说以外，还有一种石化油理论，它认为石油是由地壳本身的碳生成的，与生物无关，并可再生。不过目前为止，还没有地理学家利用石化油理论发现任何石油储备。

石油的开采

石油开采，是指在有石油储存的地方对石油进行挖掘、提取的行为。在开采石油的过程中，油气从储层流入石油井底，又从井底上升到井口。

在元朝以前，我国开采石油的技术不高，开采深度不够，没有油了就再换个地方另外打井开采。到了元朝之后，打井技术终于得到了突破。1905 年，我国的第一座石油厂在陕西的延长县成立，中国第一口油井——“延一井”完井时初日产油量 1–1.5 吨，这在当时是一个了不起的数字。

1821 年四川富顺县自流井气田，是世界上最早的天然气田。

“油气集输”技术也随着油气的开发应运而生，公元 1875 年左右，自流井气田以当地盛产的竹子为原料，打通竹节，外面用涂上桐油层的麻布缠绕，十分结实，不漏气，这样的“输气管道”，总长足有 100 多千米。在当时的自流井地区，绵延交织的管线翻越丘陵，穿过沟涧，形成输气网络，使天然气从井的附近延伸到远距离的盐灶，用来熬盐。

熬盐，简单说来是把含有盐的水取到锅里，敞开锅，用天然气去烧，等把锅里的水分烧干后，锅里就出现白花花的盐了。

熬盐需要大量的天然气，这也就推动了气田的开发，使当时天然气的年产量达到 7000 多万立方米，这可不是一个小数字。

古代用天然气熬盐。

应该说明的一点是，古代石油的利用主要集中在几大文明古国，而世界近代石油工业却诞生在美国。

1857 年夏天，处于困境的埃德温·德雷克遇见了塞尼卡石油公司股东杰姆士·汤森，杰姆士邀请他加入自己的石油公司。走投无路的德雷克同意了，把身上仅有的 200 美元投资到了塞尼卡石油公司，成为一名股东，主持在泰特斯维尔钻油井的工程。

1859 年 8 月 27 日星期六，下午收工时钻到了 21 米深，突然钻头下落了约 15 厘米，人们也没有在意，放下工具便收工回家了。第二天上午，工人上班时发现井筒里的原油已经涨到离地面 2 米处。听到这个消息的埃德温·德雷克十分兴奋，就在井口上安置蒸汽动力泵开始

1859 年，美国人埃德温·德雷克在宾夕法尼亚州的泰特斯维尔钻成第一口油井，比我国晚 500 多年。

抽油。该井日产油量高达 30 桶，约 4 吨。这就是世界上第一口用机器钻成，并用机器抽油的油井。后来，人们把 1859 年 8 月 27 日称为近代石油工业的诞生日。

短短几年里，在泰特斯维尔及其附近地区，涌现出了 1.6 万多家石油公司，采油热波及半个美国。

德雷克井出油以后，油区附近很快建起了几十座炼油厂，争相用原油炼制灯用煤油。在泰特斯维尔乃至芝加哥地区，形成了众多的关联企业群。

1861—1865 年的美国南北战争需要大量的石油，大大推动了石油工业这一新兴产业的发展。

19 世纪，工人们用绞车在法国格勒诺勒镇的艺术泉井钻取石油。

1977 年，我国四川省的 7001 石油钻井队成功地打出了一口 7175 米的超深井。使我国成为世界上第四个拥有超过 7000 米深井的国家。

海上钻井平台

科学家通过勘探发现，海底贮藏着大量的石油。采集海底的石油，需要在海上开采石油的专门设备——海上钻井平台。

海上钻井平台是主要用于钻探井的海上结构物，上装钻井、动力、通信、导航等设备，以及安全救生和人员生活设施，是海上油气勘探开发不可缺少的设备。

海上油气开发与陆地上的没有很大的不同，但建造采油平台的工程耗资巨大，因而对油气田范围的评价工作要更加慎重。

海上钻井平台模型图。

1897 年，在美国加州的潮汐地带上，研发人员首先架起了一座 76.2 米长的木架，架设钻机用来打井，这是世界上第一口海上钻井，拉开了研发海上钻井平台的序幕。

1920 年，委内瑞拉搭制了木制平台进行钻井。

1936 年，美国为了开发墨西哥湾陆上油田的延续部分，成功开发第一口海上油井，建造了木质结构生产平台，并于 1938 年成功地开发了世界上第一个海洋油田。第二次世界大战后，木质结构平台改为钢管架平台。

19 世纪 50 年代初，美国人对于海洋石油开采平台，提出了全新的设计理念：给平台加装可升降的支腿，让平台能够脱离海岸，“走”入更深更远的海洋里去。该平台一直到 1955 年才建成使用。

1955 年，美国建成第一座自升式平台。这种平台对水深适应性强，工作稳定性良好，发展较快，约占移动式钻井装置总数的 1/2。平台甲板上可安装钻机、其他机械设备和生活设施。

1962 年，壳牌石油公司用世界上第一艘“碧水”1 号半潜式钻井船钻井成功。“碧水”1 号原来是一台坐底式平台，工作水深 23 米。当时为了减少移位时间，在吃水 12 米的半潜状态下拖航。

“碧水”1号原为坐底式钻井平台，在使用中，工作人员发现此平台在半潜状态下，工作状态更加稳定，于是将该平台改为半潜式钻机船。第一台三角形的半潜式平台是1963年完工的“海洋钻工”号，第二台是1965年完工的“赛德柯135”。

中国最早使用平台在海上打井是1963年，用土办法制造了中国第一座浮筒式钻井平台，于莺歌海距海岸4千米处打了3口井。

1966年在渤海建立了第一座正式海上平台，同年12月31日渤海第一口探井开钻，并于1967年6月14日喜获工业油流，从此揭开了我国海洋石油勘探开发的序幕。

中国第一艘自升式钻井平台“渤海”1号于1967年由中国船舶工业公司第七〇八研究所完成设计，1976年在大连造船厂建成交船，总长60.4米，总宽32.5米，最大钻井深度为4000米，自持能力30天，定员90人。

2017 年 2 月 13 日，由中集集团旗下山东烟台中集来福士海洋工程有限公司（简称“中集来福士”）建造的半潜式钻井平台“蓝鲸”1 号命名交付。

该平台长 117 米，宽 92.7 米，高 118 米，最大作业水深 3658 米，最大钻井深度 15240 米，适用于全球深海作业。

“蓝鲸”1 号代表了当今世界海洋钻井平台设计建造的最高水平，将我国深水油气勘探开发能力带入世界先进行列。

2017 年，中国“蓝鲸”1 号，是全世界最大、钻井深度最深的海上钻井平台。它重达 42000 吨，甲板面积相当于一个标准足球场大小，从船底到钻井架顶端有 37 层楼高。“蓝鲸”之名寓意它将成为代表人类海工领域最高科技水平的平台。

石油加工后的产品

石油经过加工后，其利用价值更大。

石油是一种黏稠的、深褐色的液体，被开发出来后，需要进行炼制。石油含有多种成分，这些成分的沸点不同，将它们分离可以得到汽油、柴油、煤油、润滑油、石蜡、溶剂油、沥青、苯等产品。它们大多是工业的主要原料，难怪石油被称为“工业的血液”。

石油分馏，是将石油中几种不同沸点的混合物分离的一种方法，分为常压分馏和减压分馏。常压分馏可以得到石油气、汽油、煤油和柴油；减压分馏可以得到润滑油、石蜡等。

石油通过分馏后，会得到很多不同种类的产品。

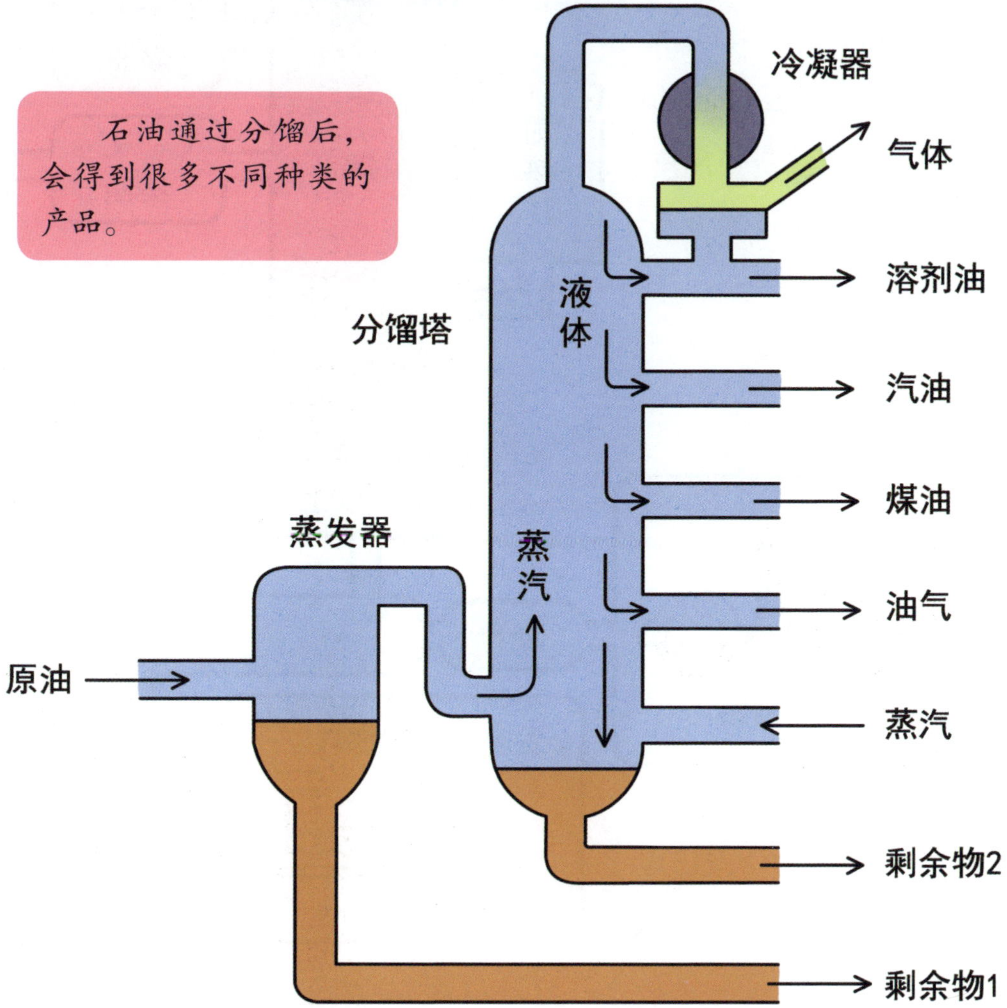

石油加工后的应用

石油在第一次世界大战之前，主要用来照明，产油国美国和苏联同时也是主要的消费国。在第一次世界大战中，石油的战略价值被充分展现出来，因为石油燃烧效能高、轻便，所以被广泛应用于飞机、汽车、坦克上，对于提高军队战斗力具有重大战略意义。

20 世纪 20 年代，由于石油成为内燃机的动力，石油需求和贸易规模迅速扩大，石油成为世界各国争夺的资源之一。

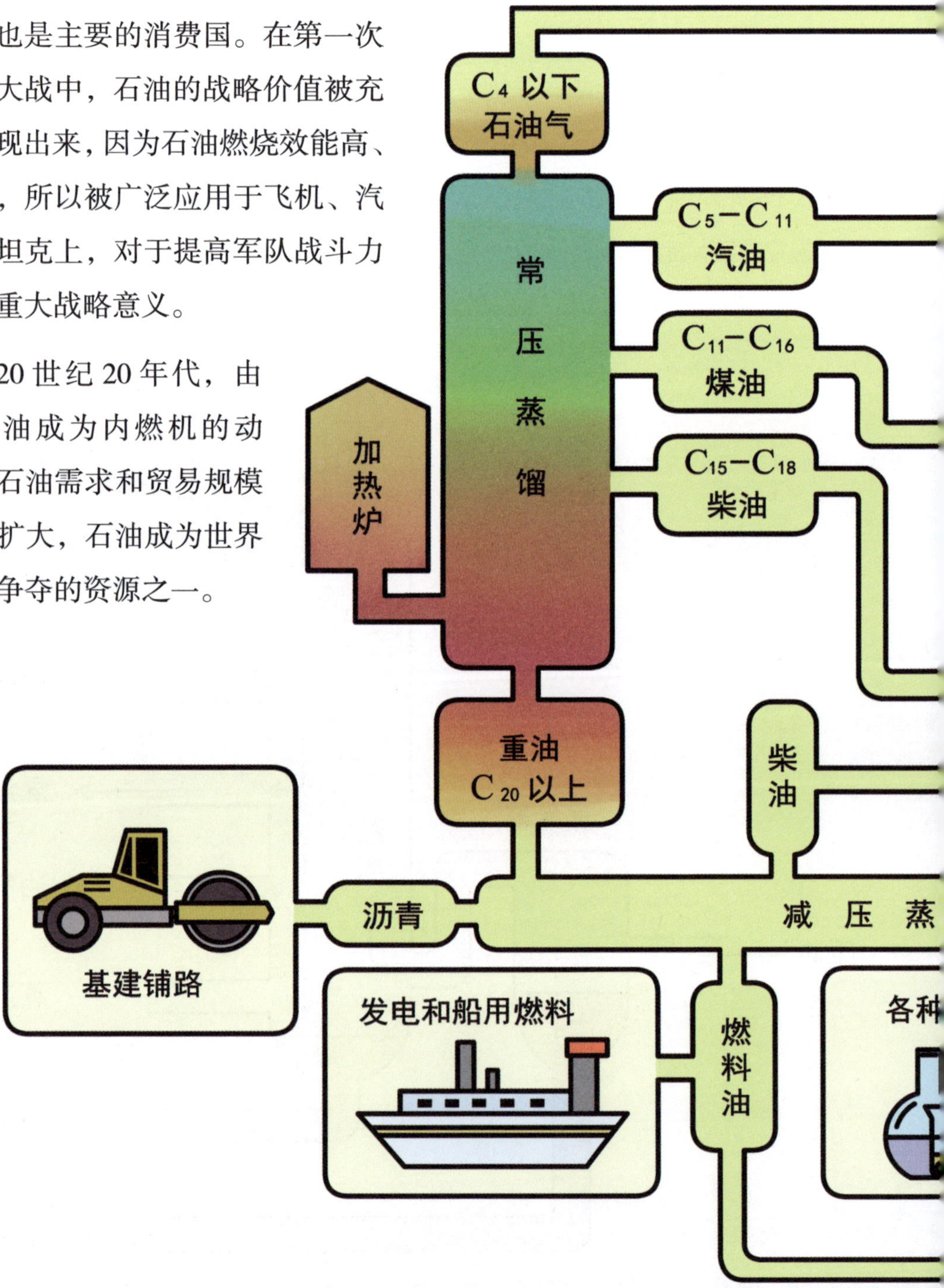

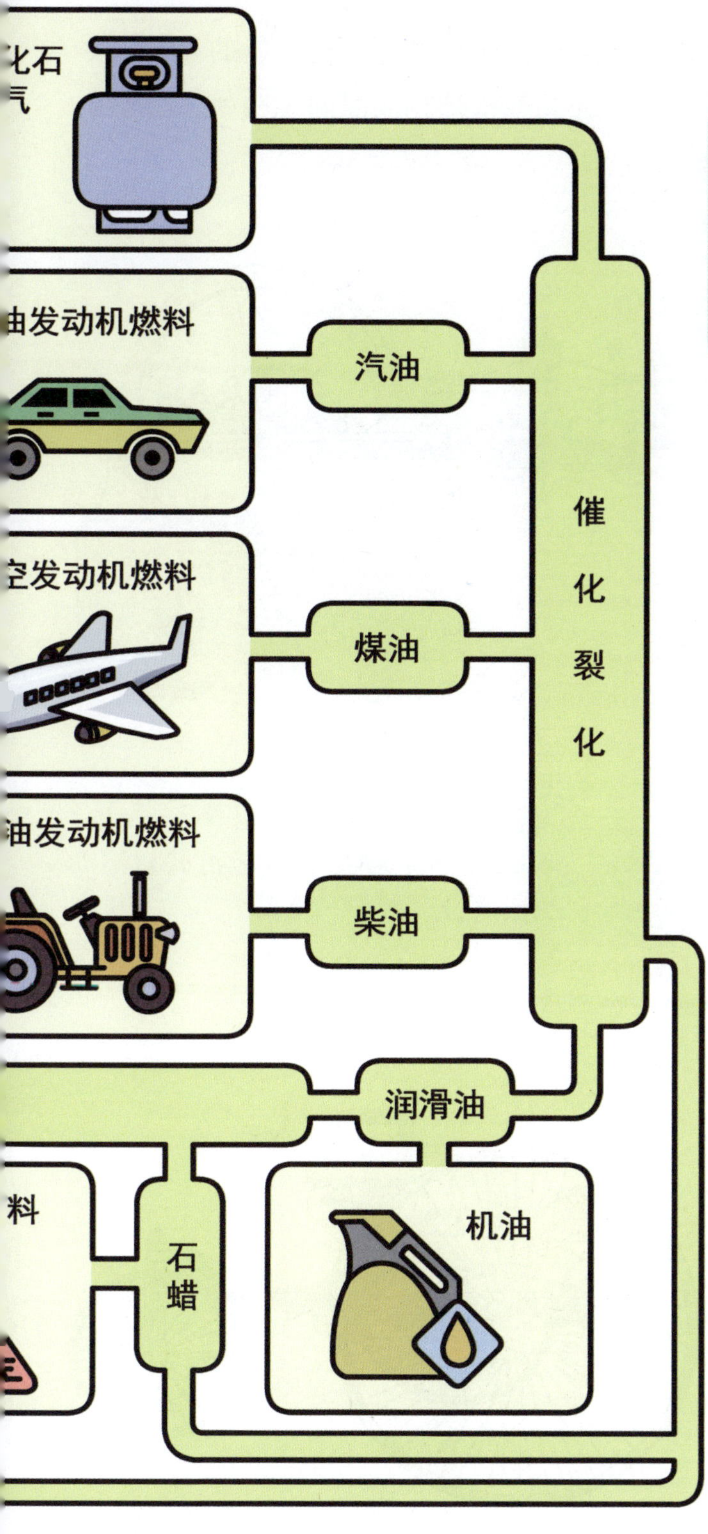

石油加工后可以得到很多产品，用途极为广泛，如液化石油气、汽油、煤油、柴油等各种工业原料。

当石油产品作为燃料时，会将自身含有的化学能转变为机械能，成为飞机、轮船、汽车等前进的动力。

内燃机的发明

当蒸汽机作为主要动力源时，人们发现它需要消耗大量的煤炭来烧水产生蒸汽从而推动机械，发动时也需要较长的时间来预热，效率比较低。能不能对它加以改造呢？

直到 1860 年，法国的勒努瓦才模仿蒸汽机的结构，设计制造出第一台内燃机。不过，这是一台无压缩、电点火，使用照明煤气的内燃机。这台内燃机的热效率为 4% 左右。

1876 年，德国发明家奥托成功创制第一台往复活塞式、单缸、卧式、3.2 千瓦的四冲程内燃机。它以煤气为燃料，热效率达到 14%，且运转平稳，是现代汽车引擎的始祖。

汽车的引擎原型是奥托引擎，但奥托最初的设想是将此引擎运用到静态的机器设备上。

奔驰生产的第一台汽车是参照三轮车的外观而设计的，在后两轮之间加上了奥托引擎。但是这样的设计不容易操控，容易撞墙。

1883 年，德国的戴姆勒以奥托引擎为蓝本，成功研发了第一台立式汽油机，它的特点是轻型和高速。当时其他内燃机的转速不超过 200 转 / 分，而它竟一跃达到 800 转 / 分。

内燃机如何适应交通运输机械的要求呢？1885—1886 年，汽油机作为汽车动力运行成功，大大推动了汽车的发展，后来汽油成为驱动内燃机的主要能源。

1892 年，德国发明家鲁道夫·狄塞尔受面粉厂粉尘爆炸的启发，于 1897 年成功研制压缩点火式内燃机——柴油机。后来，柴油机被广泛应用在卡车和公交车上作为动力源。

1920 年，德国人霍尔茨瓦特制成第一台实用的燃气涡轮发动机，现在作为大型军用车辆、船舰和飞机的引擎使用。

1934 年，德国人欧海因取得了喷气发动机的专利。1939 年春，装有喷气发动机的飞机 HE-178 制造完毕，于同年 8 月 27 日首次试飞成功，成为世界上第一架喷气式飞机。

1930 年，英国人惠特尔提交了喷气发动机的设计专利，并在 1932 年获得了此项专利。但在 1937 年，喷气发动机的研发实验因燃料泄漏而失败，导致英国政府对该项研究失去了兴趣，研发就此搁置。

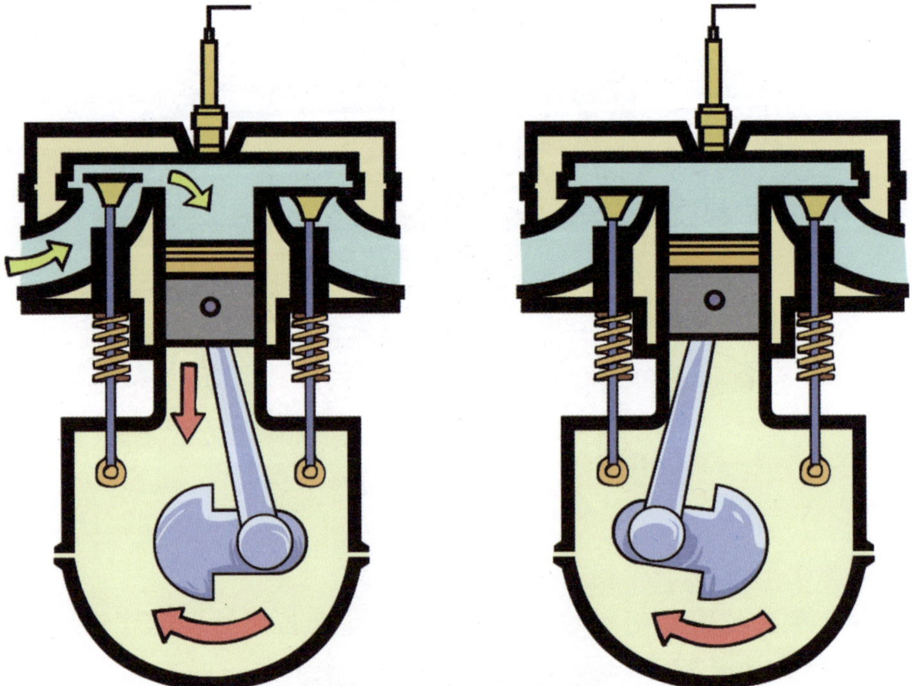

内燃机工作原理图。

内燃机的工作原理

内燃机，是一种动力机械，它是将燃料在机器内部燃烧放出的热能直接转换为动力的热力发动机。由于有了内燃机和石油冶炼的不同产品，人类在交通运输上突飞猛进，各种各样的车辆、飞机、船舰跑得更快、更远。

内燃机的主体为 4 个圆柱气缸体，在气缸体内有上下移动的圆柱形活塞，为了防止燃烧的气体泄漏，活塞上设有密封的活塞环。气缸体的上部为气缸盖，在气缸盖上有进气通道、排气通道以及进气门、排气门，进、排气门之间有喷油器。活塞中部有活塞销，活塞通过它与连杆上部相连接，连杆下部连接曲轴。

内燃机在实际工作时，每次能量转变都必须经历进气、压缩、做功和排气四个过程，这叫一个工作循环。若曲轴每转动两圈，活塞经过四个冲程完成一个工作循环，那这种机器就叫四冲程内燃机；若活塞只经过两个冲程就能完成一个工作循环，那这种机器就叫二冲程内燃机。

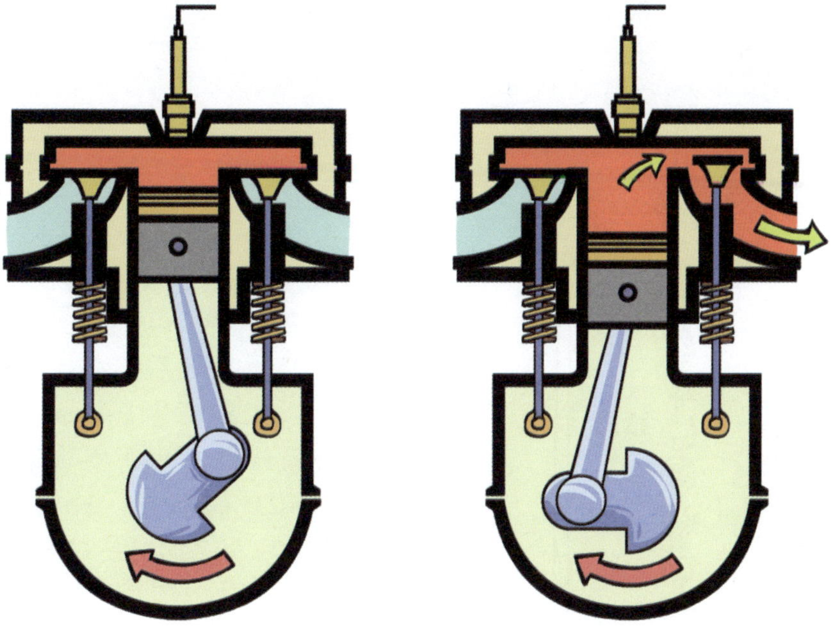

现代人离不开的能源——电

天上出现闪电，是上天在发怒吗？冬天晚上脱衣服往往会出现电火花，这到底是怎么回事呀？人类始终想揭开谜底。

于是，公元前7世纪时，希腊人就发现了静电现象。

神奇的莱顿瓶

1745年和1746年，荷兰莱顿大学物理学教授马森布罗克与德国卡明大教堂副主教冯·克莱斯特分别独立研制出了“存放电”的瓶子——莱顿瓶。

莱顿瓶是一个玻璃瓶，瓶里瓶外都包裹着锡箔，瓶里的锡箔通过金属链跟金属棒连接，棒的上端是一个金属球。

当带电体跟金属球接触时，带电体上的电荷就会沿着金属棒和链条传到瓶的内壁，就能在里面保存相当长的时间。等需要时，只要与金属球接触一下，就可以把储存的电荷再放出来。

作为原始形式的电容器，莱顿瓶曾被用来作为电学实验的供电来源，也是电学研究的重要基础。它的发明，标志着对电的本质和特性研究的开始。

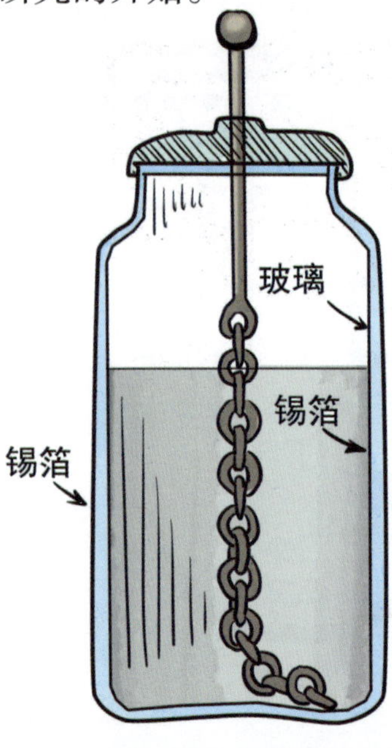

莱顿瓶是一种电容器，接触它上面的金属球会放电。诺莱特在巴黎一座大教堂前邀请700名修道士手拉手排成一行，让排头的修道士用手握住莱顿瓶，让排尾的握住瓶的引线，瞬间，700名受电击的修道士几乎同时跳了起来。

1752 年，富兰克林把一把铜钥匙绑在风筝线的末端，在雷电交加的情况下，利用风筝将大气中的电收集到莱顿瓶中，使其充电，由此证明了他所提出的“闪电和静电的同一性”的设想。

富兰克林对电很感兴趣，研究十分执着。他认为生活中的静电和天上的雷电是一样的，没有什么不同。他还把丝绸摩擦过的玻璃棒带的电称为正电，用“+”号表示，把毛皮摩擦过的琥珀带的电称为“负电”，用“–”号表示，这就区分了正电和负电。这些概念的引入，使电成为可以定量的物理量。

富兰克林还发明了避雷针。当雷雨天气时，避雷针针头会在静电感应下聚集起大量电荷，主动吸引雷电朝避雷针放电，在针头触电的瞬间通过接地装置把电流引入大地，从而避免人或建筑物遭到雷击。

“伏打电堆”

1799 年的夏天，伏打加工了一批铜片和锌片。并把几个装有稀酸的杯子排在一起，在每个杯子中装上一块锌片和铜片，并将前一个杯子中的铜片和后一个杯子中的锌片用导线相连接。当伏打直接用手捏住两端的导线时，顷刻间被电流击倒在地——实验获得了巨大成功！后来，科学界把伏打这次实验成功研制的电源装置称为“伏打电堆”。

亚历山德罗·伏特还曾为当时的拿破仑皇帝演示过自己发明的电池。其电池结构原理：串联在一起的铜、锌金属板泡在盐水中会产生电。后来，为了纪念伏特的贡献，人们将他的名字设为电压的单位。

电磁感应与发电机

从电磁感应现象的发现，到发电机的出现，经过了很多人的不懈努力。

在对于电的研究上，成果不断。1820 年，法国物理学家安培发现了电流间的相互作用力，并提出了著名的安培定律。后来，人们为纪念他而将电流的单位设为安培。

1820 年，丹麦科学家奥斯特发现通上电的导线可以让磁针发生偏转。图为奥斯特向宾客们演示电流的磁效应。

通电直导线中的安培定则：用右手握住通电直导线，大拇指指向电流的方向，那么四指的指向就是磁感线的环绕方向。

通电螺线管中的安培定则：用右手握住通电螺线管，四指指向电流的方向，那么大拇指所指的那一端是通电螺线管的 N 极。

1831 年，法拉第发现，当一块磁铁穿过一个闭合线路时，线路内就会有电流产生，这个效应叫电磁感应，产生的电流叫感应电流。根据这一现象，法拉第发明出了世界上第一台发电机。

法拉第的发电机。把一个可转动的金属圆盘放在磁铁的磁场中，当圆盘不停旋转时，电流表的指针也跟着摆动，说明有电流产生了。

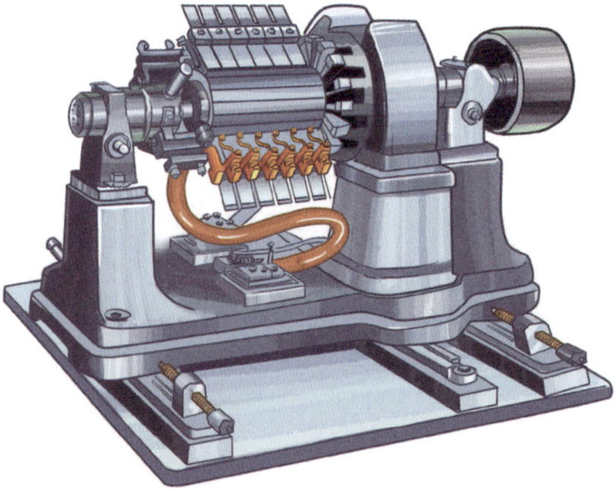

德国发明家维尔纳·冯·西门子于1866年，制造出了世界上第一台有实用价值的直流发电机。

直流发电机起初打算用在军事上，后来西门子发现它也可以应用于电车和照明等多个领域，具有广阔的应用前景。

1878年，爱迪生专心研究灯丝寿命问题，终于在1879年10月，他尝试将炭化棉线装进灯泡，接通电源后，灯泡把整个实验室照得亮如白昼。后来，他用炭化后的竹丝做灯丝的灯泡可亮约1200小时。从此电灯可以批量生产，进入百姓家庭。

交流发动机是塞尔维亚发明家特斯拉于1882年发明的。这种发电机简单、灵巧。而特斯拉早先发明了变压器，可以解决长途输电中的电压升降问题。这样，交流电供电系统便有了良好的发展前景。

1882年，法国人德普勒发现了远距离送电的方法。美国科学家爱迪生建立了美国第一个火力发电站，把输电线连接成网络。

爱迪生建立的发电厂一角。

火力发电机的发电原理

利用燃烧煤炭、石油、液化天然瓦斯等燃料所产生的热能，让水在不断受热下，变成高压高温的水蒸气，利用这种水蒸气含有的能量，来推动汽轮机运转，从而带动发电机发电。

应该说，推动第一次工业革命的是蒸汽机，可推动第二次工业革命的主角，是我们离不开的电。电是一种优良而价廉的新能源。它推动了电力工业和电器制造业等一系列新兴工业的迅速发展，标志着人类历史从“蒸汽时代”跨入了“电气时代”。

五、核能时代

——小小原子核中的巨大能量

我们周围的物质，是由分子、离子、原子构成的。原子，是指化学反应中不可再分的基本微粒，它在化学反应中不可分割，但在物理状态中还可再分。原子由原子核和绕核运动的电子组成，原子核由质子和中子组成。

分子很小，如果用水分子的大小跟乒乓球比，就好像拿乒乓球跟地球比一样。一滴水含有几亿个水分子。

探索的足迹

人类在认识元素、原子及其组成的过程中留下了探索的足迹。

19 世纪末，英国物理学家汤姆逊发现了电子。1896 年，法国物理学家贝克勒尔发现了元素放射性。

1898 年，居里夫人与居里先生发现新的放射性元素钋。居里夫人经过 4 年艰苦的探索之后，又发现了放射性元素镭。

1914 年，英国物理学家卢瑟福通过实验，确定氢原子核是一个正电荷单元，他将其称为质子。

1935 年，英国物理学家查得威克发现了中子。1938 年，德国科学家奥托·哈恩用中子轰击铀原子核，发现了核裂变现象。

玛丽·居里（1867 年 11 月 7 日—1934 年 7 月 4 日），波兰裔法国籍女物理学家、放射化学家，开创了放射性理论，发明了分离放射性同位素的技术，发现了两种新元素钋（Po）和镭（Ra），成为获得两次诺贝尔奖的第一人。

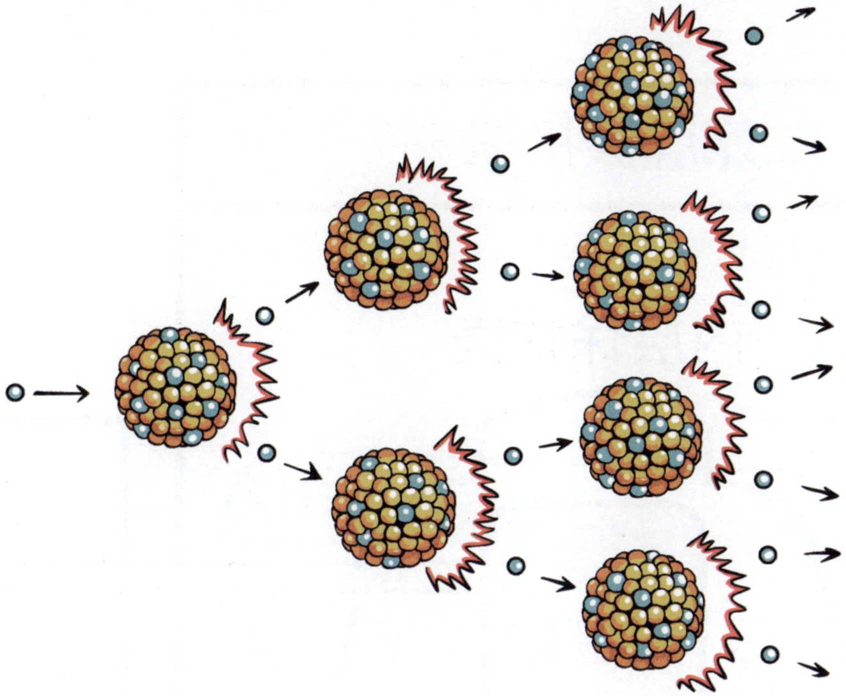

核裂变，又称核分裂，是指由重的原子核（铀核或钚核）分裂成两个或多个质量较小的原子的一种核反应形式。一般是热中子轰击铀 -235 原子后会放出 2 到 4 个中子，这些中子再去撞击其他铀 -235 原子，从而形成链式反应。

核反应堆

核反应堆，又称为原子能反应堆或反应堆，是能维持可控自持链式核裂变反应，以实现核能利用的装置。

人类第一台核反应堆，由美国籍意大利著名物理学家恩利克·费米领导的小组于 1942 年 12 月 2 日（曼哈顿计划期间）在世界顶级学府芝加哥大学建成，命名为“芝加哥一号堆”。该反应堆采用铀裂变链式反应，开启了人类利用原子能时代，芝加哥大学也因此成为人类“原子能诞生地”。

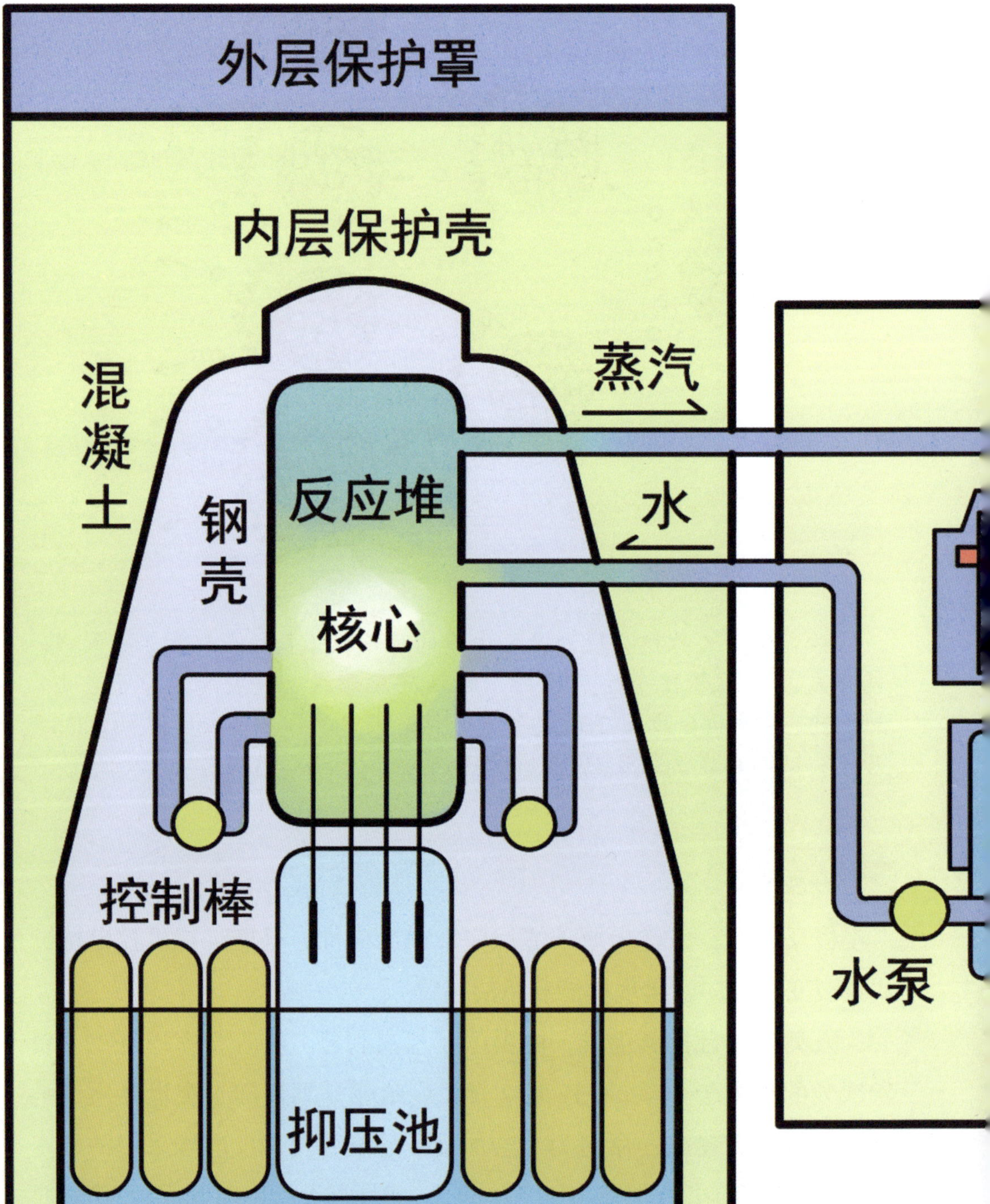
外层保护罩
内层保护壳
混凝土
钢壳
反应堆
核心
蒸汽
水
控制棒
抑压池
水泵

核反应堆实验成功以后，最大的用处就是建造原子能发电站。以一座发电量为100万千瓦的发电站为例，如果烧煤的话，每天就需要烧掉7000~8000吨煤，一年就要消耗200万吨。如果改用核发电的话，一年只需要消耗1.5吨裂变铀和钚，而且一次性换料满功率可以连续发电一年。这极大地解决了燃料运输和储存问题，减少了许多麻烦。

不过，核电站的发展并非一帆风顺，不少人对核电站的放射性污染问题感到忧虑和恐惧。其实，在严格的科学管理之下，原子能是安全的能源。原子能发电站周围的放射性水平，同自然界的放射性水平实际并没有多大差别。

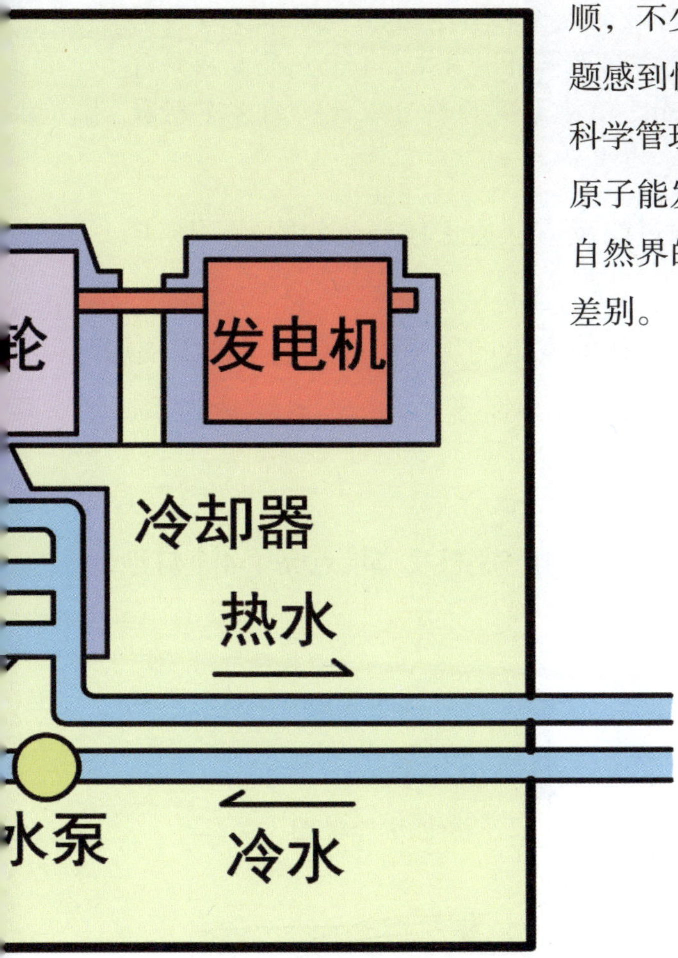

核反应堆示意图。

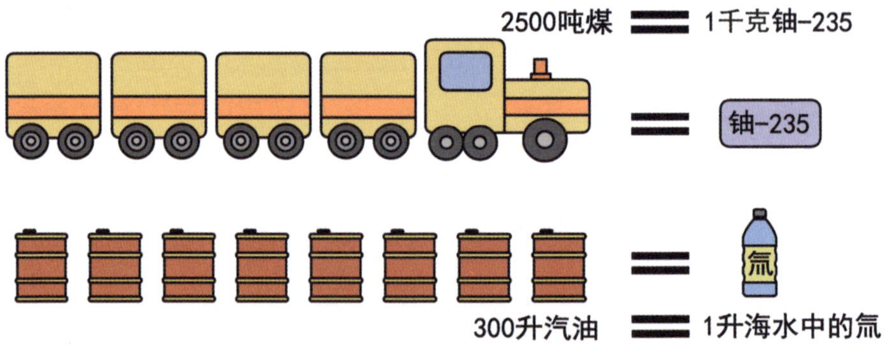

1 千克铀 -235 全部裂变释放的能量相当于 2500 吨标准煤释放的能量。据说，1 千克煤只能使一列火车开动 8 米，1 千克裂变原料可使一列火车开动 4 万千米，而 1 千克聚变原料可以使一列火车行驶 40 万千米，相当于地球到月球的距离。

核能，也称原子能，是通过核反应从原子核释放的能量。核能，是人类历史上的一项伟大发现。

核能主要是用于核能发电。核能发电的历史与核反应堆的发展历史相关，核反应堆的发明最初是出于军事需要。

核电站

1951 年 12 月 20 日，美国的科学家用一座核反应堆点亮了 4 个灯泡，从此拉开了人类和平利用核能的序幕。

核电站外观图。

1954 年 6 月，苏联在奥布宁斯克建成了世界上第一座原子能发电站，其发电功率约为 5000 千瓦，产生的电量可供 6000 居民的小镇用电。这座核电站的诞生，揭开了人类和平利用原子能的新纪元，具有里程碑式的意义。随后，英、美等国也相继建成各种类型的核电站。

1954 年，世界第一座试验性核电站在苏联莫斯科附近问世。

到 1960 年，有 5 个国家建成 20 座核电站，总装机容量 1279 兆瓦。由于核浓缩技术的发展，到 1966 年，核能发电的成本已低于火力发电。

秦山核电站，是我国第一座自行设计建造的核电站，自 1985 年 3 月 20 日开始动工，1991 年并网发电。

大亚湾核电站于 1987 年开工，于 1994 年全部并网发电。

秦山核电站全景。

核能发电的原理

核电站是利用一座或几座核动力反应堆所产生的热能来发电或发电兼供热的核动力设施。具体说来，反应堆相当于热电厂的“燃料炉”，但用的燃料不是煤而是铀，用铀制成的“核燃料”在反应堆里“燃烧”——核裂变反应，并产生大量的热能，利用这些热能将水加热变成水蒸气，水蒸气推动汽轮机带动发动机旋转，从而发出电来，并通过电网把电输送给用户。

可以用这个式子简单表达：核能→热能→机械能→电能。

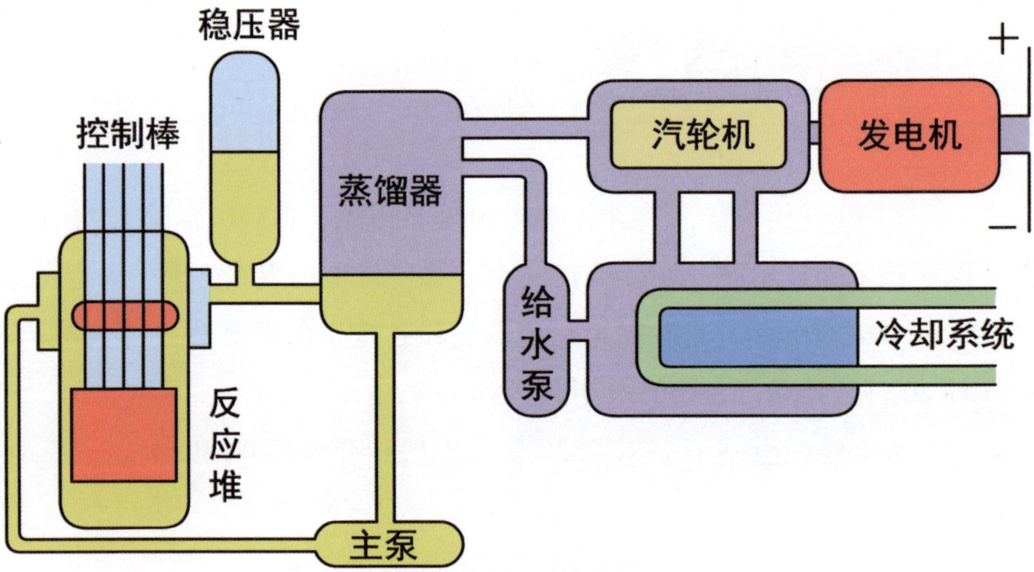

核电站发电原理图解。

1 千克铀 –235 全部裂变放出的能量约等于 2500 吨标准煤燃烧放出的能量。秤砣虽小压千斤，原子核不大，含有的能量却相当大。正因如此，核能受到人们的重视，不断被开发利用。

核电站所用的“燃料”通常为铀-235，它裂变时产生的能量是巨大的，大约是同质量汽油的200万倍。如果把这些能量在瞬间释放出来，就是让人震撼的原子弹爆炸，因此核电站必须有个“慢性子”——让核能缓缓释放出来。

如今，世界各地的核电站建造得越来越多。期待在未来核电站为人类带来更大的惠利。

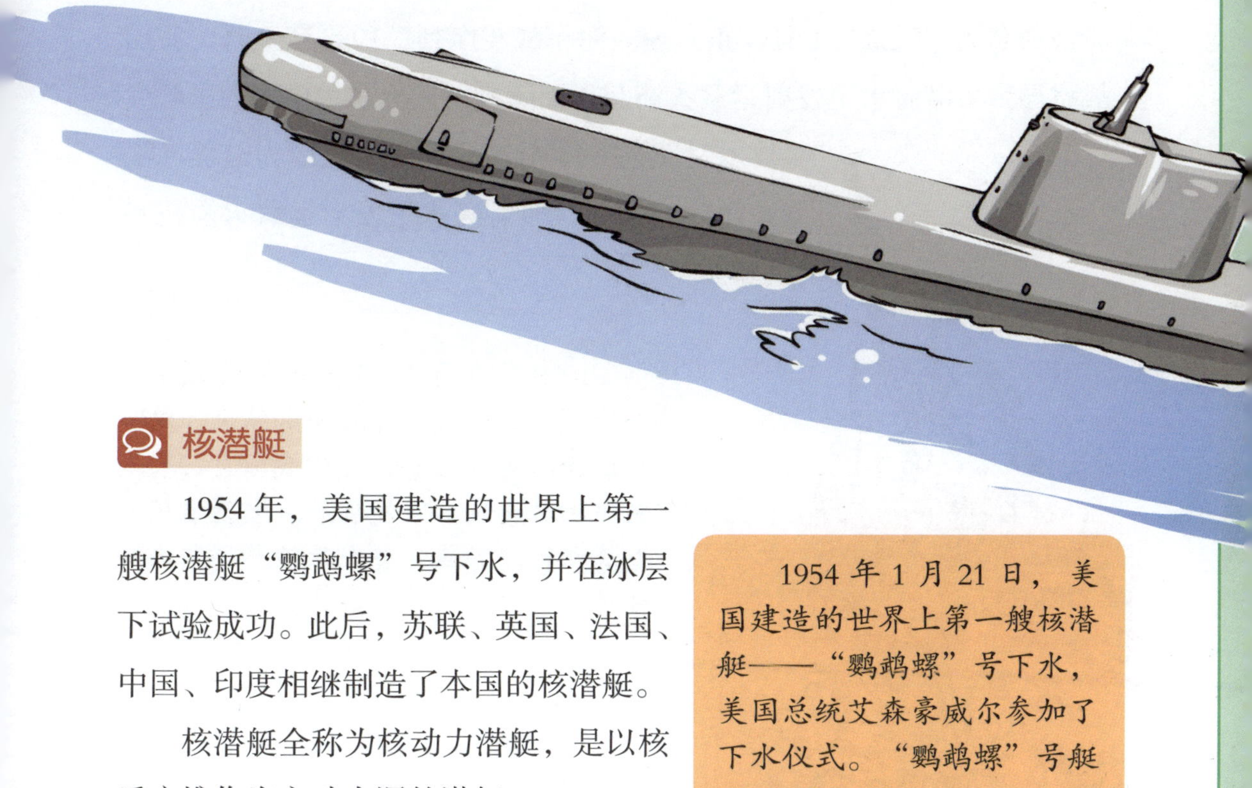

核潜艇

1954年，美国建造的世界上第一艘核潜艇“鹦鹉螺”号下水，并在冰层下试验成功。此后，苏联、英国、法国、中国、印度相继制造了本国的核潜艇。

核潜艇全称为核动力潜艇，是以核反应堆作为主动力源的潜艇。

潜艇使用上核能动力之后，有了很多独到之处：没有了常规潜艇那种轰隆隆的噪声；在潜水时，操作人员竟觉察不出与在水面上航行有何差别；还有一点更重要——航行的速度快。

1954年1月21日，美国建造的世界上第一艘核潜艇——“鹦鹉螺”号下水，美国总统艾森豪威尔参加了下水仪式。“鹦鹉螺”号艇长90米，总重2800吨，按设计能力可连续在水下航行50天，全程3万千米而不用添加任何燃料。

核潜艇以核反应堆作为动力装置，是大国战略威慑力量的重要标志。1958 年，我国启动核动力潜艇工程项目，1965 年 8 月，我国第一代核潜艇正式开始研制。

中国海军第一艘核潜艇为 091 型攻击核潜艇“长征”1 号。我国第一艘核潜艇于 1970 年 12 月 26 日下水，1974 年 8 月 1 日服役，中国自此成为世界上第五个拥有核潜艇的国家。

后来，我国的核潜艇发展很快。1974 年 8 月 1 日，我国第一艘核潜艇被命名为“长征”1 号，正式编入海军战斗序列；1988 年 9 月，我国战略导弹核潜艇水下发射运载火箭获得圆满成功，标志着中国的国防尖端技术又跃入一个新水平，使中国成为继美苏法英之后第五个拥有核潜艇水下发射运载火箭技术的国家。

1988 年 9 月 27 日，我国向预定海域发射运载火箭试验全部结束。这次试验的运载火箭，是由我国自行研制的核潜艇从水下发射的，火箭准确溅落在预定海域，整个试验获得圆满成功。

六、清洁能源

——传统能源以外的可能性

随着科学技术的迅猛发展，能源问题越来越被各国所重视。能源不足问题已经摆在了人类面前，如何寻找传统能源以外的清洁能源，成为科学家需要探索的课题。

风力发电

风能作为一种清洁的可再生能源，越来越受到世界各国的重视。风能蕴量巨大，是地球上可开发利用的水能总量的 10 倍。

1891 年，丹麦建造了世界上第一座试验性的风力发电站，标志着人类利用风力发电的开始。到了 20 世纪初期，荷兰、法国等欧洲国家纷纷进行风力发电的研究。小型螺旋桨式风车发电，当风速达 7~15 米 / 秒，可以发出约 300~500 瓦的电能。

1920 年，美国在明尼苏达州建立了雅各风力发电公司。这个公司在 30 年代曾为南极探险家 A · 比尔特提供了一台风力发电机，为探险人员提供电力。

美国风力涡轮发动机。

随后，美国科学家发明了一种风力涡轮发电机。但由于制造价格高昂，没有得到普遍应用。

法国在20世纪50年代建造过一座容量为800千瓦的风力发电机，但后期因为叶片被折断停止了运行。

风力发电机的长长的叶片往往容易折断，这给风力发电带来了困难，人们渐渐不再去研制风力发电机了。

当时光到了20世纪70年代时，西方国家出现了石油危机，为了解决能源短缺问题，人们的目光又转向了风力发电机。

我国的风力发电机出现得较晚，1986年，在山东半岛的荣成市，我国第一座风电场——马兰风电场正式并网发电，成为我国风电史上的里程碑。

后期，我国的风力发电机陆续建立并使用起来。

风力发电的原理

把风的动能转变成机械动能，再把机械能转化为电力动能，这就是风力发电。风力发电的原理，是利用风力带动风车叶片旋转，再通过增速机提升旋转的速度，从而使发电机发电。

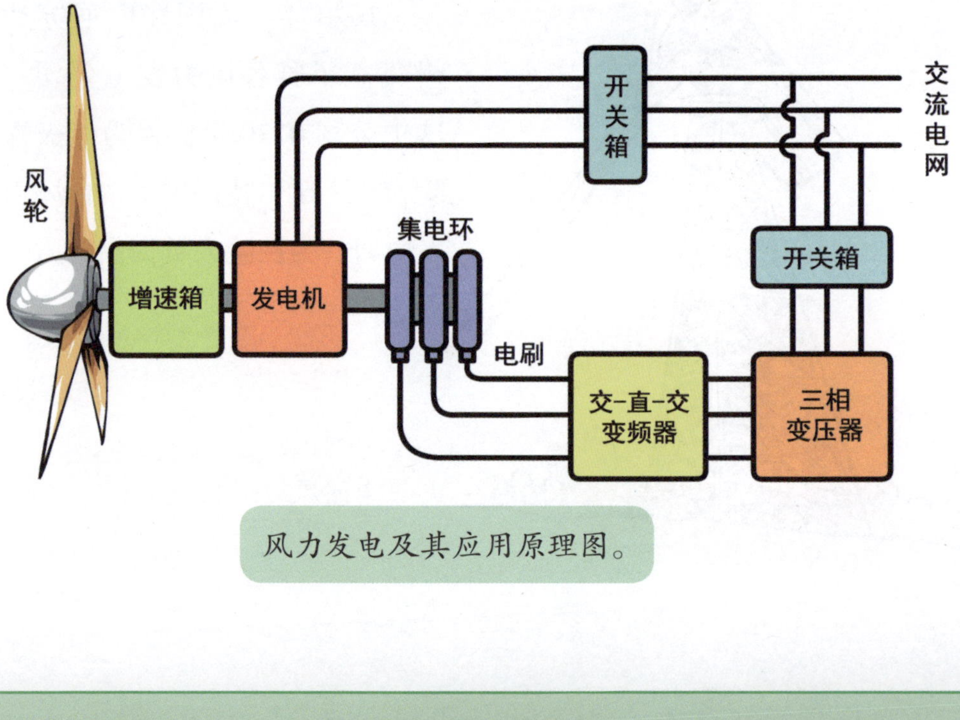

风力发电及其应用原理图。

现在，世界各国都在研究风力发电，这是因为风力是一种绿色能源，没有污染，不用“燃料”，是取之不尽用之不竭的能源宝库。

风力发电机，主要由塔架、叶片、发电机三部分组成。当风速达到 10~16 米 / 秒时，就可以满载发电。

风力发电站可以选择在有风的山头修建，也可以在辽阔的海洋中进行漂浮发电，节约大量的土地。

水力发电

19 世纪 30 年代，英国物理学家法拉第发现电磁感应现象，发明了发电机之后，电气化的时代到来，人们利用水力发电成为可能。

1849 年，英裔美国工程师开发的第一个现代水力涡轮机，今天仍然是世界上使用最广泛的一类水轮机。

1878 年，世界上第一个水力发电项目实验成功，点亮了英格兰诺森伯兰乡村小屋的一盏灯，让人们看到了用水力发电的曙光。

1941 年，美国在哥伦比亚河上建造了当时世界上最大的水力发电站——大古力水力发电站，发电能力为 1083 万千瓦。过了 40 多年后，直到 1984 年，巴西和巴拉圭在巴拉那河建成 1260 万千瓦的伊泰普水电站后，它才退居第二。

加拿大丘吉尔瀑布水电站于1967年8月开工，1971年12月首批2台机组发电，1974年9月建成，总工期7年零1个月。装机容量542.8万千瓦，年发电量345亿千瓦时（度）。

世界上规模最大的水电站和清洁能源基地，是目前中国有史以来最大型的工程项目——三峡水电站。

三峡水电站从提出设想到最终完工，共经历了90年时间。三峡大坝为混凝土重力坝，坝长2335米，底部宽115米，顶部宽40米，高程185米，正常蓄水位175米。三峡水电站的机组布置在大坝的后侧，共安装32台70万千瓦水轮发电机组，总装机容量2240万千瓦，远远超过巴西伊泰普水电站。

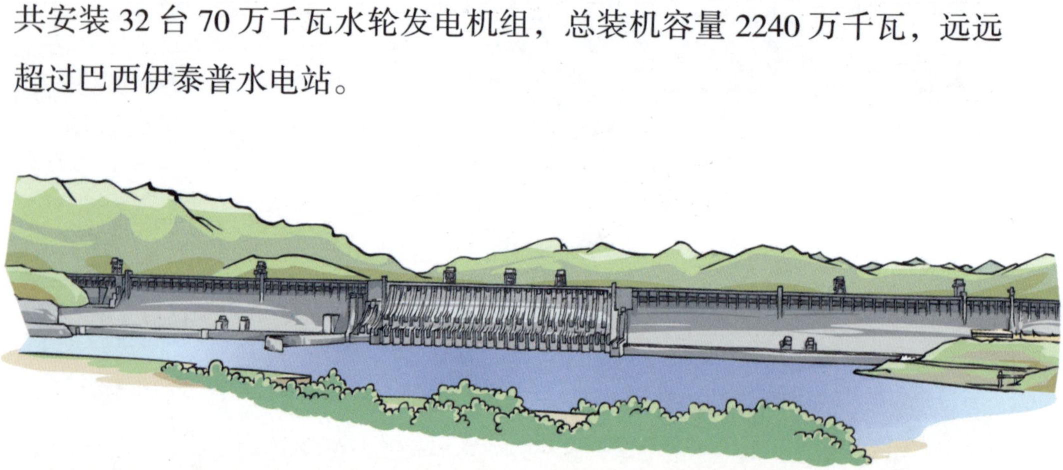

三峡水电站，1994年正式动工兴建，2003年6月1日下午开始蓄水发电，于2009年全部完工。

潮汐发电

潮汐，是发生在沿海地区的很普通的自然现象，是海水在月球和太阳引潮力作用下所产生的周期性运动。我们的祖先把发生在早晨的高潮叫潮，发生在晚上的高潮叫汐，这是“潮汐”的由来。

潮汐图。农历每月的初一是大潮；每月的初八是小潮。

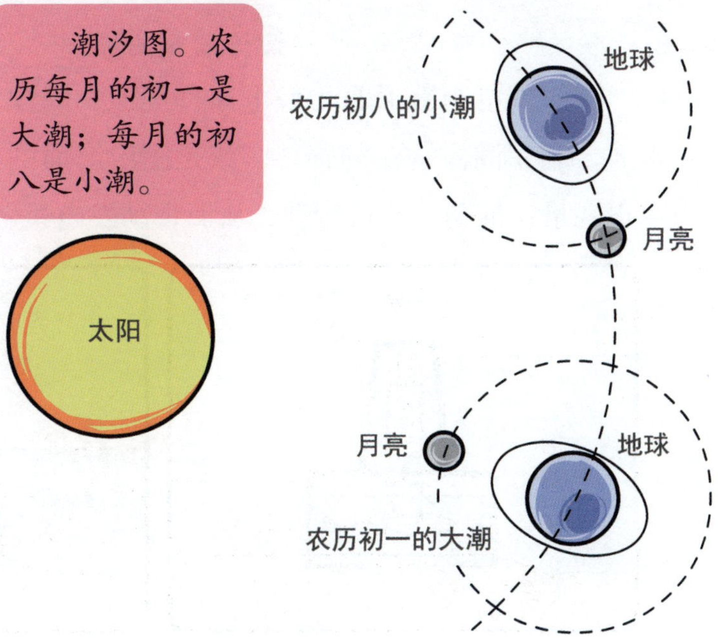

人们受水力发电站的启发，想从潮汐中得到动力，于是开始研究潮汐发电。

潮汐发电是水力发电的一种形式。潮汐是一种蕴藏量极大、取之不尽、用之不竭、不需开采和运输、洁净无污染的可再生能源。建设潮汐发电站，不需要移民，不淹没土地，没有环境污染问题，还可以结合潮汐发电站发展围垦、水生养殖和海洋化工等综合利用项目。

1960 年 11 月 26 日，世界上第一座潮汐发电站在法国布列特尼圣马洛湾建成启用。这里的平均潮差水平为 10.9 米，最大可达 13.5 米；水库坝长 350 米，涨潮时水库的水面能延伸到 20 千米长。

1960 年 11 月 26 日，世界上第一座潮汐发电站在法国布列特尼圣马洛湾建成启用。电站坝内安装有直径为 5.35 米的可逆水轮机 24 台，每台功率 1 万千瓦，发电量达 24 万千瓦。

潮汐发电的原理

潮汐发电与普通水力发电原理类似。潮汐发电是一种水力发电的形式，利用潮汐水流的移动，或是潮汐海面的升降，从海水的流动中取得能量，推动水轮机转动，从而带动发电机转动发电。

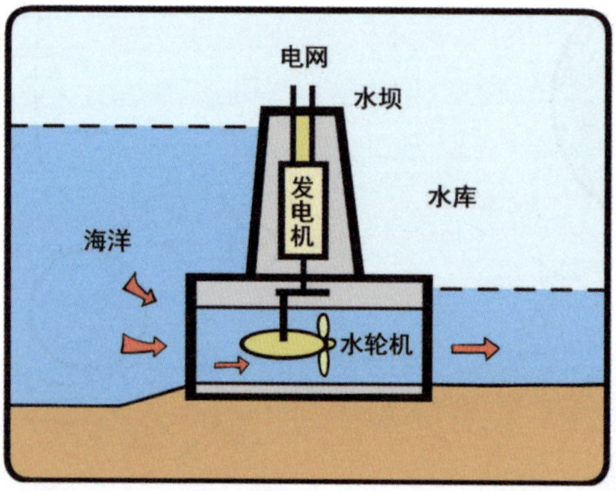

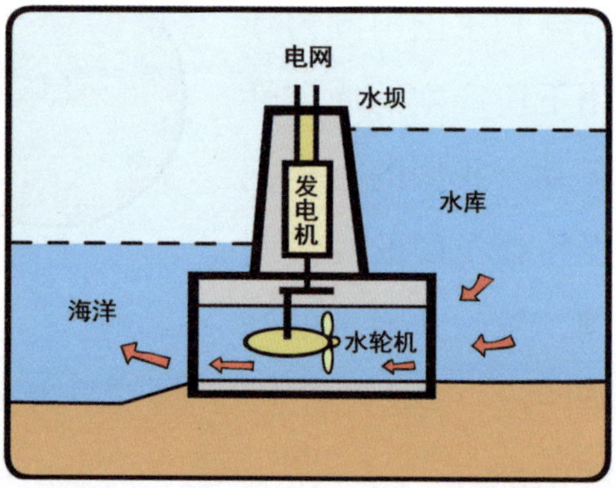

潮汐发电参考图。当海水从高处流向低处时，会推动螺旋桨转动，从而带动发电机转动发电。

太阳能发电

太阳能的利用由来已久，太阳能是一种取之不尽、用之不竭、安全、清洁的能源。除了利用太阳能取暖外，人们还想利用它发电，并不断探索着新的利用方式。

光伏电池组件

1615 年，法国工程师所罗门·德·考克斯发明制造了世界上第一台太阳能驱动的发动机，这给人类利用太阳能发电带来了新的曙光。

1839 年，法国科学家贝克雷尔发现，光照能使半导体材料的不同部位之间产生电位差，可产生电力。他根据这个发现设计出了太阳能电池的原型。

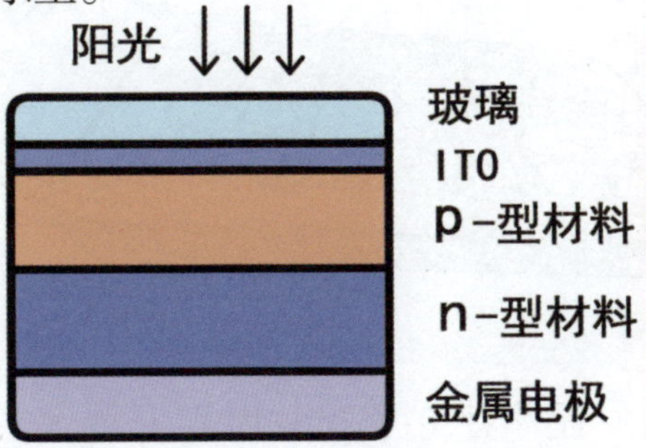

常见的半导体电池中，通过能阶设计，便可以有效地吸收太阳的光能，并产生电压与电流。这种利用半导体材料的光生伏打效应，从而将太阳能转化为直流电能的设施称为太阳能光伏。

1901 年，伊尼厄斯建造了一个直径 10 米的聚焦集热器。该装置由 1788 面镜子组成，形如一把大伞，可以聚集光能。水在集热器内被加热产生的蒸汽作用于常规的复合发动机和离心泵。

1912 年，美国人弗兰克·舒曼在埃及建立了世界上第一个太阳能热发电站抽水厂。该工程使用了几个 62 米长的圆柱形抛物柱面镜，将阳光聚焦到吸收管上来收集太阳能，驱动水泵从尼罗河抽水灌溉。

科学家一直在研究太阳能发电，1950 年，随着对半导体材料的深入研究，以及加工技术的不断发展，美国贝尔实验室的科学家制造出了第一个能够实际应用的太阳能电池。

1958 年，太阳能电池首次应用到“先驱者”1 号探测器上面。该探测器上共安装了 6 块太阳能电池。

“先驱者”1 号，1958 年 10 月 11 日发射。该探测器也是美国国家航空航天局（NASA）成立后发射的第一个航天器。它首次安装了太阳能电池。

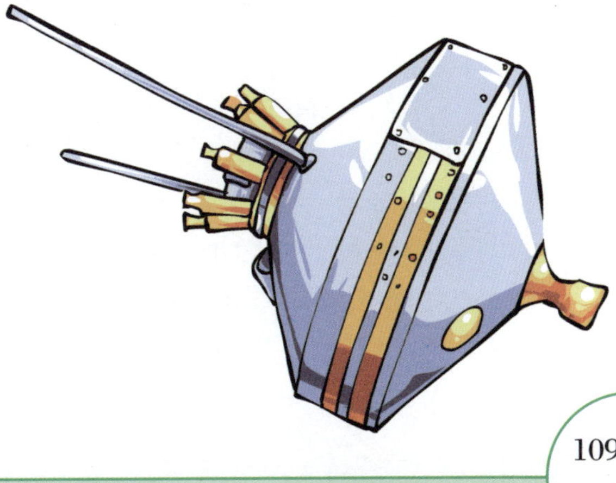

20世纪70年代，中东地区出现了石油危机，世界各国的科学家十分关注各种替代能源开发的可能性。这时，太阳能电池首次被应用到民生中，例如太阳能计算器、太阳能热水器等。

20世纪70年代，利用太阳能电池来运作的电子计算器被发明出来。现在，太阳能电池是电子计算器的主要配件。

20世纪90年代，美国在加利福尼亚州建立了当时世界上最大的太阳能电厂。

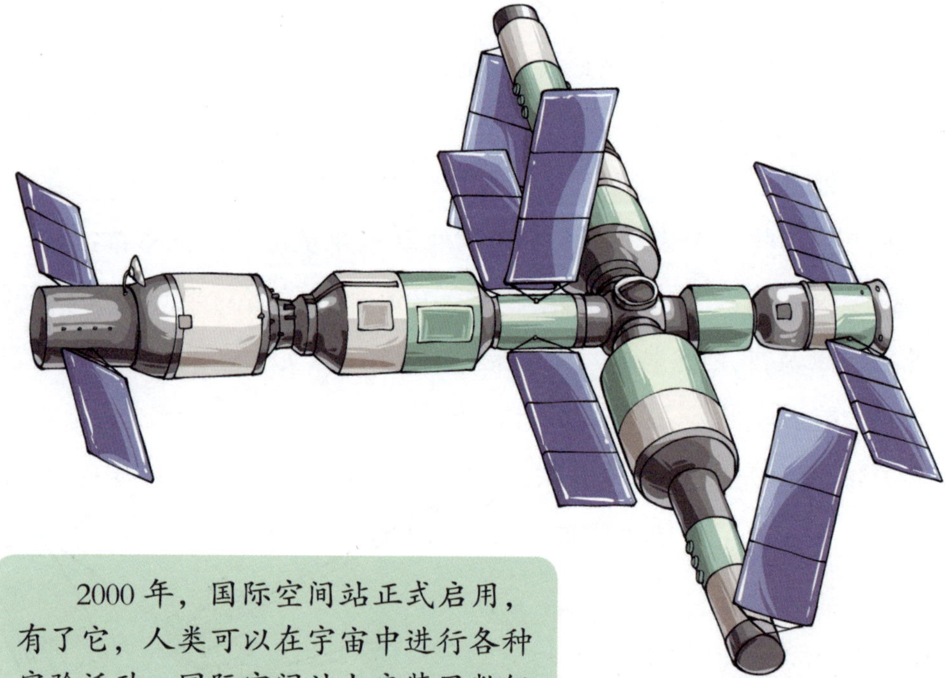

2000年，国际空间站正式启用，有了它，人类可以在宇宙中进行各种实验活动。国际空间站上安装了数组太阳能板，可以将太阳光能转变成电力，供给空间站的科研人员使用。

现在普遍应用太阳能光伏发电，2018 年全球太阳能发电总量高达 26 亿千瓦时。我国是世界上光伏发电电力生产量最多且最大的国家，截至 2020 年年底，全国光伏发电累计装机达到 253GW（吉瓦）。

人类在漫长的历史发展长河中，为了降低劳动强度，遇到困难，克服困难。人类利用自己的聪明才智，驯化饲养动物，请动物为自己拉车、运输、耕地，降低了人的体力付出；在生存实践中学会了使用火，并学会“制造”火；对大自然赐予的矿物也巧妙利用，如煤、煤气、石油和天然气等，并伴随着蒸汽机、内燃机的发明，能够更充分地利用能源；对于大自然中的风和水也不放过，发明利用风和水的设备，让它们为己所用；电的发现，使其成为现代人类不可缺少的能源；核能虽然反应快，但人类也已经掌握了它的“脾气”，可以让它乖乖为人类服务；同时，人类在能源短缺的情况下，还在不断开发传统能源之外的新能源。

人类对能源的开发利用，涉及的项目方方面面，开发的项目也会越来越多。一代又一代的科学家为节省能源、减少对环境的污染，不断贡献自己的聪明才智。